全国职业院校工业机器人技术专业规划教材

Gongye Jiqiren Lixian Biancheng yu Fangzhen

工业机器人离线编程与仿真

上海景格科技股份有限公司　**组织编写**

郑　重　韩　勇　主　编

人民交通出版社股份有限公司
China Communications Press Co.,Ltd.

内 容 提 要

本书为全国职业院校工业机器人技术专业规划教材,主要内容包括:认识离线编程与仿真技术、构建仿真工业机器人工作站、构建离线仿真模型、模型组件的高级应用、机器人离线轨迹编程、工业机器人搬运工作站系统的创建与应用、工业机器人焊接工作站系统的创建与应用。

本书可作为职业院校工业机器人等相关专业的教材,也可供工业机器人从业人员参考阅读。

图书在版编目(CIP)数据

工业机器人离线编程与仿真 / 郑重,韩勇主编. —
北京:人民交通出版社股份有限公司, 2019.7
ISBN 978-7-114-15541-3

Ⅰ. ①工… Ⅱ. ①郑… ②韩… Ⅲ. ①工业机器人—
程序设计 ②工业机器人—计算机仿真 Ⅳ. ①TP242.2

中国版本图书馆 CIP 数据核字(2019)第 093094 号

书　　　名:	工业机器人离线编程与仿真
著 作 者:	郑　重　韩　勇
责 任 编 辑:	李　良
责 任 校 对:	尹　静
责 任 印 制:	张　凯
出 版 发 行:	人民交通出版社股份有限公司
地　　　址:	(100011)北京市朝阳区安定门外外馆斜街 3 号
网　　　址:	http://www.ccpress.com.cn
销 售 电 话:	(010)59757973
总 经 销:	人民交通出版社股份有限公司发行部
经　　　销:	各地新华书店
印　　　刷:	北京市密东印刷有限公司
开　　　本:	787×1092　1/16
印　　　张:	16.25
字　　　数:	376 千
版　　　次:	2019 年 7 月　第 1 版
印　　　次:	2019 年 7 月　第 1 次印刷
书　　　号:	ISBN 978-7-114-15541-3
定　　　价:	40.00 元

(有印刷、装订质量问题的图书由本公司负责调换)

前 言
PREFACE

目前,我国的工业化水平不断提升,工业机器人在工业领域内的应用范围越来越广泛,各企业对于工业机器人技术人才的需求不断增加。为了推进工业机器人专业的职业教育课程改革和教材建设进程,人民交通出版社股份有限公司特组织相关院校与企业专家共同编写了职业院校工业机器人专业规划教材,以供职业院校教学使用。

本套教材在总结了众多职业院校工业机器人专业的培养方案与课程开设现状的基础上,根据《国家中长期教育改革和发展规划纲要(2010—2020年)》和《中国制造2025》的精神,注重以学生就业为导向,以培养能力为本位,教材内容符合工业机器人专业方向教学要求,适应相关智能制造类企业对技能型人才的要求。本套教材具有以下特色:

1. 本套教材注重实用性,体现先进性,保证科学性,突出实践性,贯穿可操作性,反映了工业机器人技术领域的新知识、新技术、新工艺和新标准,其工艺过程尽可能与实际工作情景一致。

2. 本套教材以理实一体化作为核心课程改革理念,教材理论内容浅显易懂,实操内容贴合生产一线,将知识传授、技能训练融为一体,体现"做中学、学中做"的职教思想。

3. 本套教材文字简洁,通俗易懂,以图代文,图文并茂,形象生动,容易培养学生的学习兴趣,提高学习效果。

4. 本套教材配套了立体化教学资源,对教学中重点、难点,以二维码的形式配备了数字资源。

《工业机器人离线编程与仿真》为本套教材之一,以 KUKA. Sim Pro 和 KUKA. Office Lite 两款软件的配合为范例,从实际且典型的工业机器人应用场景抽象出概念式的教学模型,主要内容包括:认识离线编程与仿真技术、构建仿真工业机器人工作站、构建离线仿真模型、模型组件的高级应用、机器人离线轨迹编程、工业机器人搬运工作站系统的创建与应用、工业机器人焊接工作站系统的创建与应用。

本书由上海景格科技股份有限公司组织编写,由上海景格科技高级产品经理郑重、成都工业职业技术学院高级工程师、工业机器人技术专业带头人韩勇教授担任主编,参与本书编写的还有景格科技课程设计师张玉莹、景格科技机器人工程师方崇村等产品团队,教材中的美术图片由景格科技吉李平、钱伟、于恒等团队组织制作。参与本书编写的还有库卡机器人(上海)有限公司曹扬工程师,他从企业的实际需求出发,向本教材提供了必要的技术支持与指导建议,提升了教材质量。在编写过程中,编者借鉴了由职业院校一线专业教师提供的众多参考资料,在此一并表示真挚的感谢。

由于编者水平、经验和掌握的资料有限,加之编写时间仓促,书中难免存在不妥或错误之处,请广大读者不吝赐教,提出宝贵意见。

编　者

2019 年 4 月

目 录
CONTENTS

项目一 认识离线编程与仿真技术

任务一 认识工业机器人仿真应用技术

 任务描述

在深入学习工业机器人离线编程与仿真技术之前,我们需要了解工业机器人仿真应用技术的定义和发展,也需要了解常用的离线编程与仿真软件的特点。

任务知识

1. 工业机器人仿真应用技术的定义和发展

早在1946年,美国就开始对机器人技术的理论研究。但是,直到1959年才诞生了能在工业生产中使用的机器人。经过几十年的发展,机器人领域发生了翻天覆地的变化,从早期的只会做一些简单、重复动作的机器人发展到具有思考、学习能力的高智能化机器人,甚至出现了能够战胜人类的人工智能——Alpha Go,如图1-1-1所示。

图1-1-1 人机大战

在人工智能、机器学习、语音识别、图像处理等关键技术取得重要理论研究的基础之上,机器人领域也跨上了一个新的台阶,并朝着智能化、复杂化的方向持续发展。随着人类对机器人研究的逐步深入,机器人控制系统编程方式也发生着革命性的变化。除了传统的在线示教编程方式,近年来,离线编程在工业实际生产中的重要性日益凸显。

离线编程是指,在不使用机器人本体的情况下,利用计算机图形学的基本原理和系统仿真技术,在PC机(个人计算机)上重建整个工作场景的三维模型,然后根据加工零件的工艺要求,设置机器人的运动指令和轨迹,从而仿真模拟工业机器人的工作流程,如图1-1-2所示。

一般而言,系统仿真是在计算机上或实体上建立系统的有效模型(数字的、物理效应的、数字和物理效应混合的模型),并在模型上进行系统实验。相应地,机器人系统仿真是指,通过计算机对实际的机器人系统进行模拟的技术。

机器人系统仿真可以建立单机或多台机器人组成的工作站或生产线。通过仿真应用技术,操作人员可以在制造单机与生产线之前模拟实物和生产过程,缩短生产工期,以避免不必要的返工。

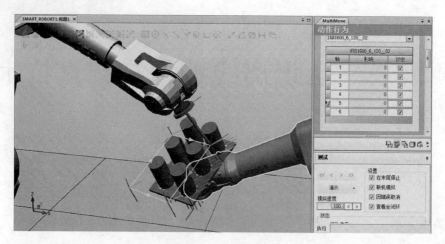

图 1-1-2 离线编程

许多从事机器人研究的部门都装备有功能较强的机器人仿真软件系统,它们为机器人的研究提供了灵活而方便的平台。自 20 世纪 80 年代以来,国外已建成了许多用于机器人工作站设计和离线编程的仿真系统。

1987 年,美国 Rockwell 与 NASA 合作开发了一套离线编程系统,该系统主要用于航天飞机部件的焊接作业。部件的焊接工艺保存在本地数据库中,但是该系统不能和 CAD 等三维绘图软件实现无缝对接。

西门子公司研发的 ROBCAD 离线编程系统则具有强大的在线仿真功能,支持离线点焊、多台机器人协同仿真以及运动仿真,并且能够与 Solid Works、Auto CAD 等常用的三维绘图软件实现无缝对接。图 1-1-3 为 ROBCAD 仿真的画面。

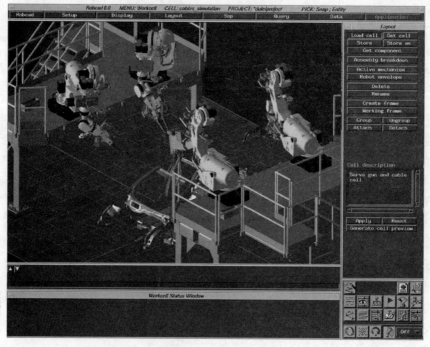

图 1-1-3 ROBCAD 仿真画面

英国 Nottingham 大学开发了 GRASP 系统,能够对不同的方案和机器人系统进行装配单元仿真以及运动学和动力学仿真,并且可以使多台机器人同时进行路径规划。

美国机械动力公司开发的 ARMS 软件包,该系统包含图形接口、Pro/E 接口、动力传动系统、铁路车辆等 20 多种模块,是一款功能强大的虚拟样机仿真系统,并且可以实现实时在线仿真,运用范围非常广泛。

加拿大软件公司 Jabez 开发研制的 Robot Master 离线编程系统,是目前比较流行的仿真系统。该系统经过多年的研发,其功能不断丰富和完善,具有刀具轮廓圆弧分割、3P3R 机器人通用解决方案的支持、带倾斜补偿的数控文件导入等功能,如图 1-1-4 所示。

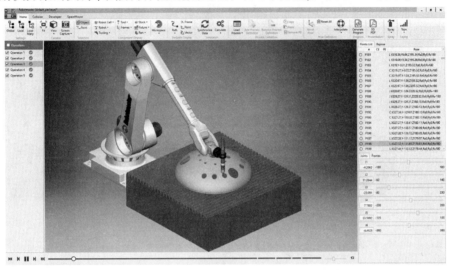

图 1-1-4　Robot Master 仿真界面

由俄罗斯 SPRUT 公司开发研制的 SprutCAM 离线编程系统,应用行业广泛,包含航空航天、医疗器械、通信领域、铭文雕刻、模具加工等。其服务于全球 7000 多家用户,在机器人离线编程领域处于全球领先地位,如图 1-1-5 所示。

图 1-1-5　SprutCAM 仿真画面

随着工业机器人品牌影响的日益壮大,各工业机器人品牌也相继推出了配套的离线编程仿真软件,如 ABB 公司的 Robot Studio、FANUC 公司的 Robot Guide,还有 KUKA(库卡)的 Sim Pro 和 Office Lite 等,如图 1-1-6 ~ 图 1-1-8 所示。

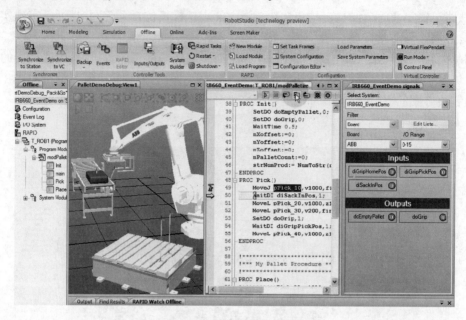

图 1-1-6　ABB 公司的 Robot Studio

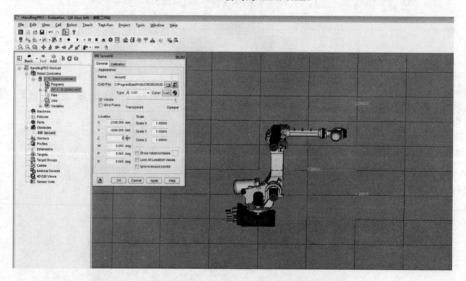

图 1-1-7　FANUC 公司的 Robot Guide

目前,我国国内的离线编程仿真软件数量也较多,如南京中科川斯特公司的 Hedra SMF 和北京华航公司的 Robot Art 等。

2. 常用离线编程与仿真软件的特点

常用的离线编程与仿真软件大致可以分为两类,一类是通用型离线编程仿真软件,另一类是专用型离线编程仿真软件。

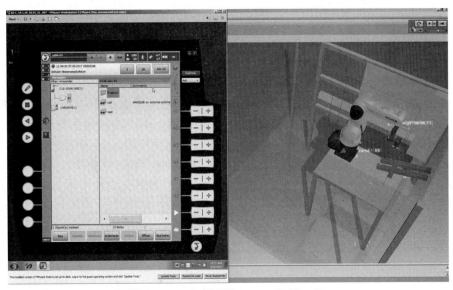

图 1-1-8　KUKA 公司的 Sim Pro 和 Office Lite

1）通用型离线编程仿真软件

这类软件一般都由第三方软件公司负责开发和维护,不单独依赖某一品牌机器人。换句话说,通用型离线编程仿真软件,可支持多个品牌机器人的仿真以及轨迹编程和后置输出。这类软件优缺点很明显,优点是可以支持多个品牌机器人,缺点是对特定品牌的机器人的支持力度不如专用型离线软件的支持力度高。

例如,由加拿大软件公司 Jabez 科技研制开发的 Robot Master 是目前市面上顶级的通用型机器人离线编程仿真软件,该软件界面如图 1-1-9 所示。

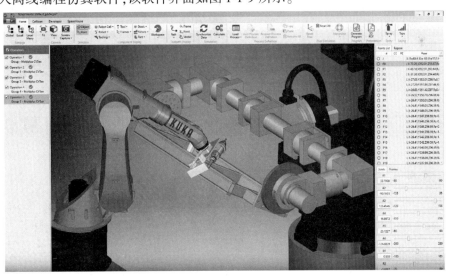

图 1-1-9　Robot Master 软件界面

Robot Master 软件在 Master Cam 中无缝集成了机器人编程、仿真和代码生成等功能,大大提高了机器人的编程速度。其可以按照产品数模生成程序,适用于切割、铣削、焊接和喷涂等工业领域,具有独家的优化功能、运动学规划和碰撞检测非常精确、支持外部轴(直线导轨系统、旋转系统)、支持复合外部轴组合系统等优点,同时也具有暂时不支持多台机器人同时模拟仿真的特点。

2)专用型离线编程仿真软件

这类软件一般由机器人本体厂家自行开发,或者委托第三方软件公司开发维护。其只支持本品牌的机器人仿真、编程和后置输出。由于开发人员可以拿到机器人底层数据通信接口,所以这类离线编程软件有更强大实用功能,与机器人本体的兼容性也更好,软件的集成度很高,也都有相应的工艺包。缺点是只支持本公司品牌机器人,不同品牌机器人间的兼容性不好。KUKA 的 Sim Pro 和 Office Lite 就属于这种离线编程仿真软件。

KUKA. Sim Pro 专为库卡机器人的离线仿真而开发,以机器人动作仿真为主,如图 1-1-10 所示。该软件的插件 KUKA. Office Lite 可以模拟 KUKA 示教器,方便机器人操作(通过电脑模拟示教器,在机器人未安装完备的情况下即可进行加工实验,节约时间,减少碰撞的发生),从而实现了虚拟的 KUKA 机器人控制、周期时间分析和机器人程序的生成。

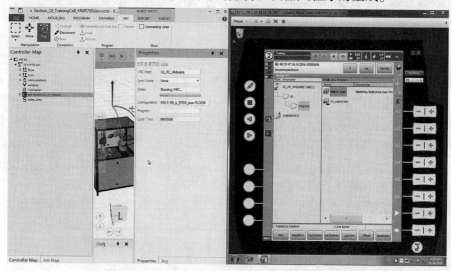

图 1-1-10 KUKA. Sim Pro 和 KUKA. Office Lite 界面图

任务二 安装 KUKA 工业机器人离线仿真软件

 **任务描述**

学习离线仿真软件之前,完成软件的安装和授权是使用软件的基础。事实上,你或许对 KUKA 自主品牌的离线仿真软件已经有所了解,该品牌软件的功能也非常强大。在了解 KUKA. Sim Pro 等离线仿真软件基本情况的基础之上,学会 KUKA. Sim Pro 等软件的安装和授权也是有必要的。

 任务知识

1. KUKA 离线仿真软件简介

2004 年,KUKA. Sim 离线仿真软件包第一次在国际自动化展上亮相,进入大众的视野。

此时的 KUKA.Sim 产品包括 3 个软件：KUKA.Sim Viewer、KUKA.Sim Layout 和 KUKA.Sim Pro。3 个软件的图标如图 1-2-1 所示。

图 1-2-1　KUKA.Sim v1.1 软件图标

1）KUKA.Sim Viewer

KUKA.Sim Viewer 采用了逼真的三维布局设计，可观看在 KUKA.Sim Layout 和 KUKA.Sim Pro 中制作的离线仿真的模拟效果。

2）KUKA.Sim Layout

KUKA.Sim Layout 是一款能够使用 KUKA 机器人创建 3D 布局生产系统的独特软件，其可以快速创建和类比不同的布局、设备选项和机器人任务，其界面如图 1-2-2 所示。

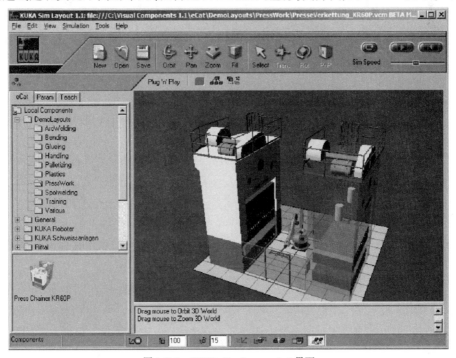

图 1-2-2　KUKA.Sim Layout v1.1 界面

3）KUKA.Sim Pro

KUKA.Sim Pro 则用于 KUKA 机器人的离线编程，该软件与虚拟机器人控制器 KUKA.OfficeLite 能够保持实时通信。KUKA.Sim Pro 还可制作和模拟十分复杂的结构与操作，例如夹持器和焊钳的动作。其中制作的结构也可在 KUKA.Sim Layout 中使用，其界面如图 1-2-3 所示。

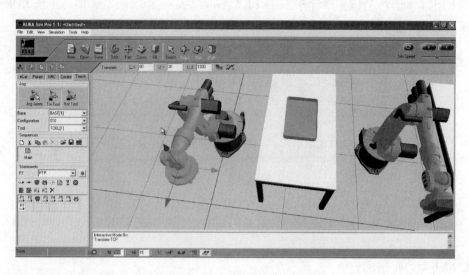

图 1-2-3　KUKA. Sim Pro v1.1 界面

4) KUKA. Office Lite

KUKA. Office Lite 是 KUKA 研制的虚拟机器人控制器。通过该编程系统,可在任何一台计算机上离线创建并优化程序。通过使用原 KUKA Smart HMI 和 KRL 语言句法,其离线操作和编程不仅与机器人在线操作与编程完全相同,其界面也与相应 KUKA 机器人的示教器的操作界面相同。

2. KUKA. Sim Pro 和 KUKA. Office Lite

发展至今,KUKA 针对其离线仿真软件进行了功能的整合和升级。之前的 KUKA. Sim Viewer 不再单独分割成一个软件,而存在于 KUKA. Sim Pro 等软件中,方便用户实时查看仿真效果。

1) KUKA. Sim Pro 3.0

KUKA. Sim Pro3.0 用于 KUKA 机器人的完全离线编程,可分析节拍时间并生成机器人程序。此外,还可以用来实时连接虚拟的 KUKA 机器人控制系统 KUKA. Office Lite。同时,KUKA. Sim Pro 3.0 还可用于布置参数化的组件,以及定义用在 KUKA 其他离线仿真软件中的运动系统。

另外,随着机器人产业的发展,KUKA 针对 Sim Pro 软件操作界面的美观和实用性都有提高,如图 1-2-4、图 1-2-5 所示。

2) KUKA. Office Lite 8.3

KUKA. Office Lite 与 KUKA KR C4 系统软件几乎完全相同。其和以前版本的原理相同,也使用原 KUKA Smart HMI 和 KRL 语言句法,离线操作和编程与目前 KUKA 机器人示教器上的在线操作与编程完全相同。

KUKA. Sim Pro3.0 和 KUKA. Office Lite 8.3 连接后,可通过离线示教器实时操控 3D 仿真区域机器人的运动等。本教材主要涉及 KUKA. Sim Pro 3.0 和 KUKA. Office Lite 8.3 的实时连接离线仿真应用,如图 1-2-6 所示。

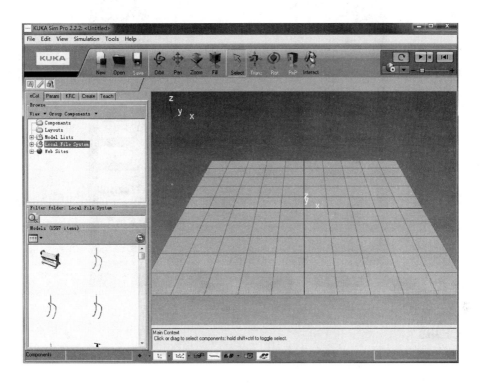

图 1-2-4 KUKA. Sim Pro v2. 2 界面

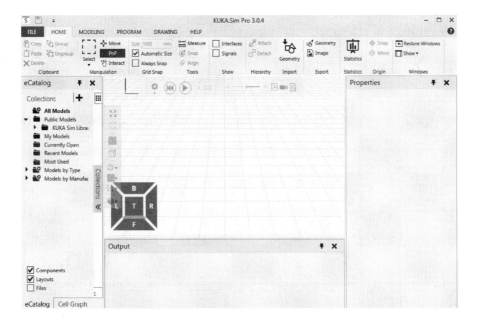

图 1-2-5 KUKA. Sim Pro v3. 0 界面

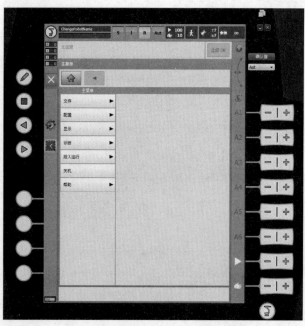

图 1-2-6　KUKA. Office Lite v8.3 界面

任务实施

1. 安装离线仿真软件 KUKA. Sim pro 3.0

安装该软件的详细步骤如下。

（1）在 KUKA SIM Pro 3.0 文件夹中双击名称为 SetupKUKASimPro_3.04 的执行文件（图 1-2-7）。

（2）在弹出的安装对话框中，点击"Next"（图 1-2-8）。

图 1-2-7　操作步骤(1)

图 1-2-8　操作步骤(2)

（3）在弹出的许可协议对话框中，选择"I agree to the terms of this license agreement"，然后点击"Next"（图 1-2-9）。

（4）默认安装软件在 C 盘，可以点击"change"，改变软件安装位置。确定好安装位置之后，点击"Next"（图 1-2-10）。

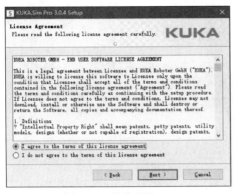

图 1-2-9　操作步骤(3)

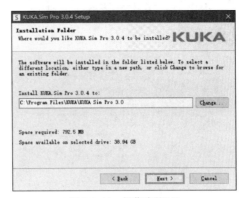

图 1-2-10　操作步骤(4)

(5)进入软件安装进程,等待安装过程结束(图 1-2-11)。

注意:在安装过程中,如果弹出对话框"VCM file Extension Association",请点击"是"。

(6)安装结束后,弹出安装成功对话框,点击"完成(Finish)"即可(图 1-2-12)。

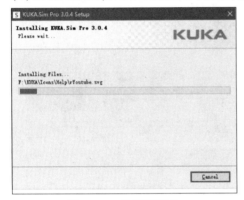

图 1-2-11　操作步骤(5)

图 1-2-12　操作步骤(6)

2.授权管理离线仿真软件 KUKA.Sim pro 3.0

安装好软件之后,接下来需要对 KUKA.Sim pro 3.0 软件进行授权操作。具体操作步骤如下。

(1)在安装包的文件夹中双击名称为 Setup VcLicense Server 204 的程序文件(图 1-2-13)。

(2)如果弹出需要更新"Microsoft NET Frame work 4.5"或"Microsoft Visual C/C++ 2012 Runtime"等提示,点击"确定"(图 1-2-14)。

图 1-2-13　操作步骤(1)

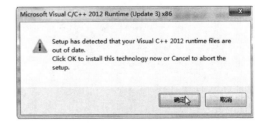

图 1-2-14　操作步骤(2)

(3)在"VcLicenseServer"提示窗口中,点击"Next"(图 1-2-15)。

（4）在许可协议提示中，选择"I agree to the terms of this license agreement"，点击"Next"（图1-2-16）。

图1-2-15　操作步骤(3)

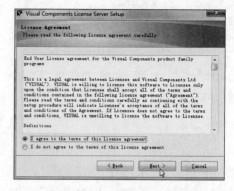

图1-2-16　操作步骤(4)

（5）确定软件的安装位置后，点击"Next"（图1-2-17）。

（6）在弹出的窗口中，选择"Install shortcuts for current user only"，点击"Next"（图1-2-18）。

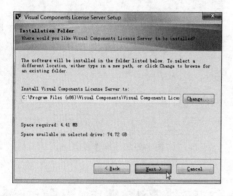

图1-2-17　操作步骤(5)

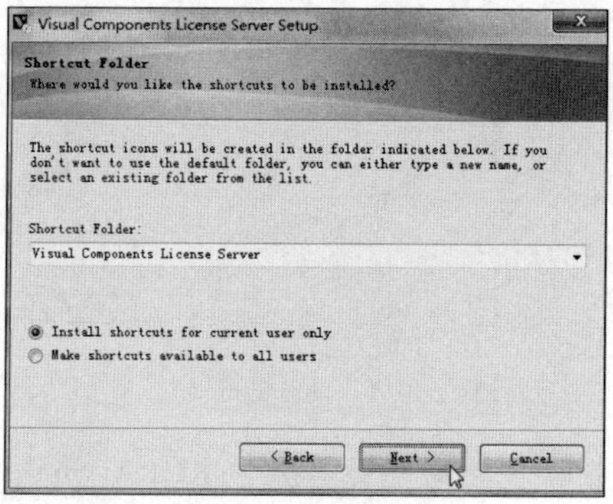

图1-2-18　操作步骤(6)

（7）确定好安装位置等信息后，点击"Next"直接进入到安装进程（图1-2-19）。

（8）弹出成功安装的提示之后，点击"finish"，此时安装完成（图1-2-20）。

图1-2-19　操作步骤(7)

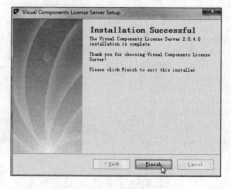

图1-2-20　操作步骤(8)

（9）点击电脑的开始，在所有程序中找到"Visual Components License Server Manager"（图1-2-21）。

（10）在许可证服务器管理控制窗口"License Server Management Console"中，点击"Add"按键，弹出"Add product key"窗口。在"Enter product key"中输入产品密钥，输入正确后，点击"Add"（图1-2-22）。

图1-2-21　操作步骤（9）　　　　　　　　　图1-2-22　操作步骤（10）

（11）选中密钥行，点击"Activate"按键，进入激活进程，等待激活成功（图1-2-23）。

（12）激活成功后，软件界面的状态中，显示"Activated"；软件界面的产品名称中，显示"KUKA Sim pro 3.0"（图1-2-24）。

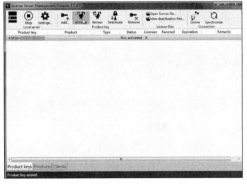

图1-2-23　操作步骤（11）　　　　　　　　　图1-2-24　操作步骤（12）

（13）点击 Setting 按键，记录其中服务器的主机名称和端口号设置（图1-2-25）。

（14）点击桌面的 KUKA. Sim Pro 3.04 图标后，点击激活向导中的"Upgrade"或"Next"（图1-2-26）。

图1-2-25　操作步骤(13)

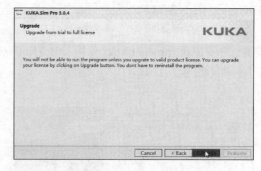

图1-2-26　操作步骤(14)

(15)选择My organization is using network floating license sever后,点击"Next"(图1-2-27)。

(16)在弹出的窗口中,在第一行输入许可证服务器的计算机名称或者IP地址。在第二行输入许可证的端口,确认无误后点击"Next"(图1-2-28)。

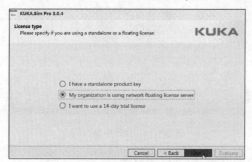

图1-2-27　操作步骤(15)

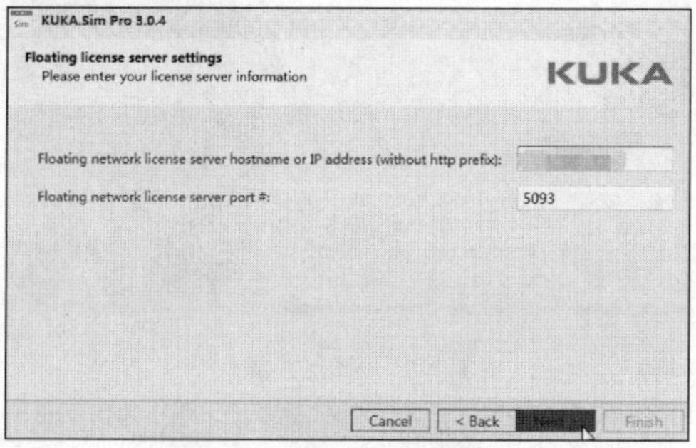

图1-2-28　操作步骤(16)

(17)随后点击"Finish"。激活后,KUKA. Sim Pro软件就可以正常使用了(图1-2-29)。

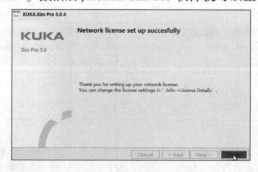

图1-2-29　操作步骤(17)

项 目 小 结

本项目主要讲述了工业机器人仿真应用技术的一些基础知识,在本项目的学习中,学生主要了解工业机器人仿真应用技术的定义和发展、常用离线编程与仿真软件的特点,掌握KUKA工业机器人离线仿真软件的安装操作。

项目二　构建仿真工业机器人工作站

任务一　布局工业机器人基础工作站

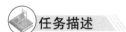**任务描述**

学习安装与授权 KUKA. Sim Pro 软件的操作后,我们需要具体学习该软件的操作方法,学会利用该软件完成基础工作站的搭建与布局。该任务是我们进行后续机器人操作、离线示教编程及其调试的前提。

任务知识

1. KUKA 工作站的基本组成

如果想让工业机器人为人类工作,单单一台机器人是无法做到的。它需要与周围的相关设备配合,才能完成相关工作。

机器人工作站是指,以一台或多台机器人为主,配以相应的周边设备,如变位机、输送机、工装夹具等,或借助人工辅助操作,一起完成相对独立的一种作业或工序的一组设备组合,常见的工作站如图 2-1-1、图 2-1-2 所示。

图 2-1-1　独立作业工作站　　　　　　图 2-1-2　工序组合工作站

虽然根据工作站功能设计的不同,其组成也会有较大区别。但是,工业机器人工作站通常都包括工业机器人、示教器和工作对象等设备。

2. KUKA. Sim Pro 界面简介

KUKA. Sim Pro 软件是一款功能强大的软件,相应地,其软件界面提供的功能选择也比较丰富。软件的主页面由文件（FILE）、开始（HOME）、建模（MODELING）、程序（PRO-GRAM）、图纸（DRAWING）和帮助（HELP）组成，如图2-1-3所示。

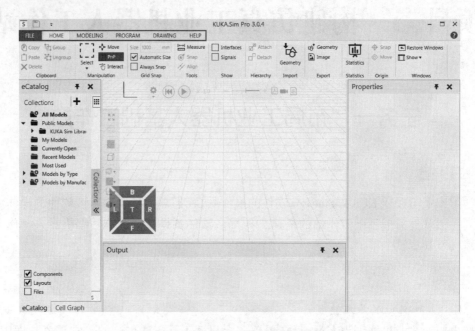

图2-1-3　KUKA. Sim Pro 主页面概览

KUKA. SimPro 软件的文件和本地选项卡界面如下。

（1）文件选项卡界面（图2-1-4）。

图2-1-4　文件选项卡概览

文件选项卡由清除所有（Clear all）、信息（Info）、打开（Open）、保存（Save）、另存为（Save as）、打印（Print）、选项（Options）和退出（Exit）功能组成。上述功能可能包含子级功能。

①清除所有（Clear All）。清除当前 3D 布局区域中的所有模型或组件后，回到软件界面。

②信息(Info)。该功能包含的4个子功能见表2-1-1。

信息(Info)子功能 表2-1-1

示　　例	子功能名称	子功能简介
	布局(Layout)	展示当前文件的属性
	许可证(Lisence)	软件的购买与授权等信息
	版本(Version)	软件当前版本信息等
	用户许可证协议(EULA)	与用户许可等事宜相关的协议

③打开(Open)。可通过 Recent Documents 选择打开最近使用的文件,也可选择计算机(Computer)中的文件。

④保存(Save)和另存为(Save as)。将文件以适当的格式保存在计算机指定的位置中。

⑤打印(Print)。打印文件。

⑥选项(Options)。该功能包含的4个子功能见表2-1-2。

选项(Options)子功能 表2-1-2

示　　例	子功能名称	子功能简介
	通用(General)	可个性化设置软件语言和主题等
	显示(Display)	可个性化设置画质和尺寸精度等
	工具栏(Toolbar)	可设置需要的加载工具
	附加(Add on)	可设置色彩功能等

⑦退出(Exit)。点击后可退出软件。

(2)开始选项卡界面(图2-1-5)。

常用的开始选项卡包含剪贴板(Clipboard)、操作(Manipulation)、网格捕捉(Grid Snap)、工具(Tools)、显示(Show)、层级(Hierarchy)、导入(Import)、导出(Export)、统计(Statistic)、原点(Origin)和窗口(Windows)等功能区块。

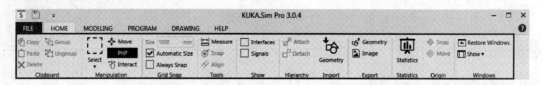

图 2-1-5　本地选项卡概览

具体各个功能区块的简介见表 2-1-3。

本地选项卡功能区块简介　　　　　　　　　　表 2-1-3

图　片	名　称	功能简介
Copy Group Paste Ungroup Delete Clipboard	剪贴	包括复制（Copy）、删除（Delete）、粘贴（Paste）、组（Group）和取消组（Ungroup）功能。这些功能对场景中的模型进行相应的编辑和操作
Move PnP Select Interact Manipulation	操作	选择（Select）：包括鼠标点击、框选、自由框选、全选和反选； 移动（Move）：可使模型沿着三维坐标轴方向进行移动； 拼接（PNP）：可使具有即插即用功能的模型之间呈父子级关系； 交互（Interact）：可对相应的模型进行拖拽示教
Size 100 mm Automatic Size Always Snap Grid Snap	网格捕捉	自动尺寸（Automatic Size）：移动模型没有栅格捕捉功能； 始终捕捉（也译作总是按扣）（Always Snap）：模型每次的最小移动量是设定值
Measure Snap Align Tools	工具	测量（Measure）：可测量出模型之间的相对位置； 捕捉（Snap）：使一个模型移动到另一个模型的几何特征上； 对齐（Align）：使一个模型的几何特征与另一个模型的几何特征平行或对齐
Interfaces Signals Show	显示	接口（Interface）：可使工业机器人接口与其他设备接口连接； 信号（Signals）：可使工业机器人与其他设备进行信号通信
Attach Detach Hierarchy	层级	包括附加（Attach）、分离（Detach）。选择这些功能可以让模型与模型之间呈父子级关系，还能让它们脱离这种关系

续上表

图 片	名 称	功能简介
Geometry Import	导入	可导入计算机中的几何体(Geometry)
Geometry Image Export	导出	可以将当前 3D 区域中的模型输出为几何体(Geometry)或图片(Image)
Snap Move Origin	原点	捕捉(Snap):可对该模型本地原点进行特征捕捉;移动(Move):可将该模型本地原点进行移动或旋转
Restore Windows Show ▾ Windows	窗口	包括显示或者隐藏相关菜单栏、重置窗口布局

任务实施

1. 搭建机器人基础工作站的工具功能介绍

1)导入库内模型

利用 KUKA. Sim Pro 软件导入其中自带的模型,具体的的操作步骤如图 2-1-6 ~ 图 2-1-8 所示。

2)移动和 PNP 功能

移动和 PNP 功能的操作步骤如图 2-1-8 ~ 图 2-1-14 所示。

3)Snap 功能

Snap 功能的操作步骤如图 2-1-15 ~ 图 2-1-19 所示。

2. 搭建机器人基础工作站

搭建机器人基础工作站的操作步骤如图 2-1-20 ~ 图 2-1-40 所示。

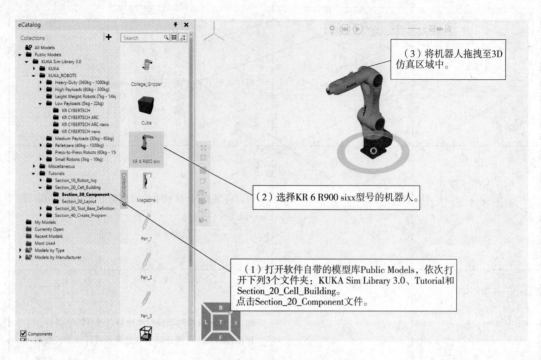

图 2-1-6　操作步骤（1）～（3）

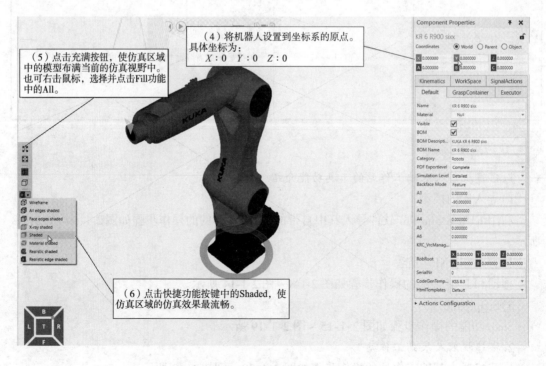

图 2-1-7　操作步骤（4）～（6）

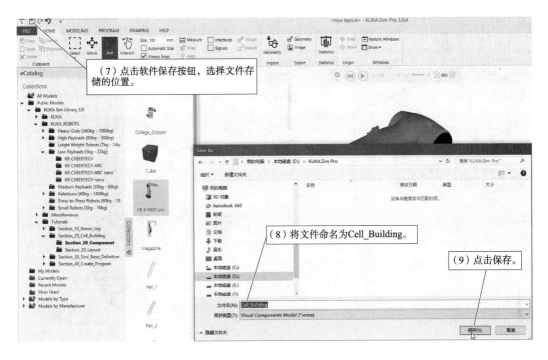

图 2-1-8 操作步骤（7）~（9）

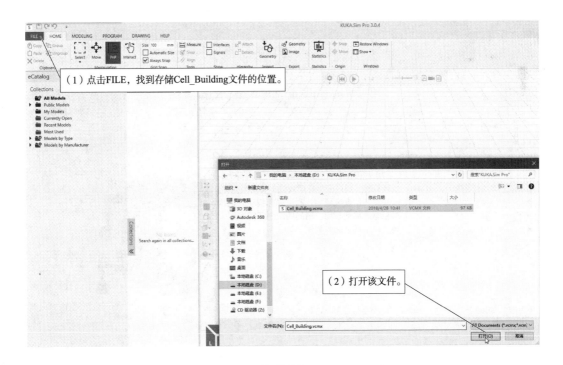

图 2-1-9 操作步骤（1）~（2）

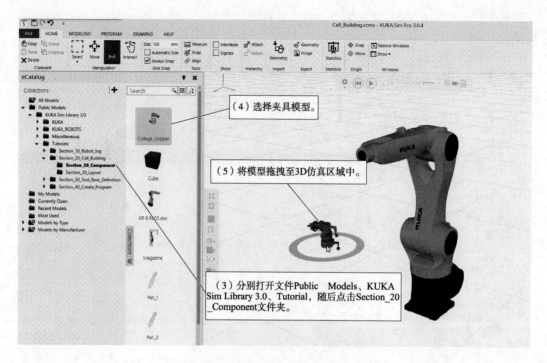

（4）选择夹具模型。

（5）将模型拖拽至3D仿真区域中。

（3）分别打开文件Public Models、KUKA Sim Library 3.0、Tutorial，随后点击Section_20 _Component文件夹。

图2-1-10 操作步骤(3)~(5)

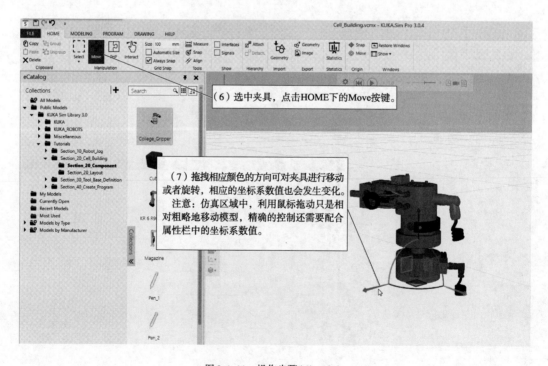

（6）选中夹具，点击HOME下的Move按键。

（7）拖拽相应颜色的方向可对夹具进行移动或者旋转，相应的坐标系数值也会发生变化。
注意：仿真区域中，利用鼠标拖动只是相对粗略地移动模型，精确的控制还需要配合属性栏中的坐标系数值。

图2-1-11 操作步骤(6)~(7)

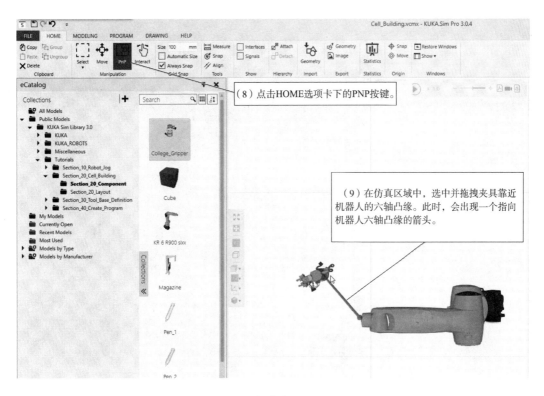

图 2-1-12 操作步骤(8) ~ (9)

（8）点击HOME选项卡下的PNP按键。

（9）在仿真区域中，选中并拖拽夹具靠近机器人的六轴凸缘。此时，会出现一个指向机器人六轴凸缘的箭头。

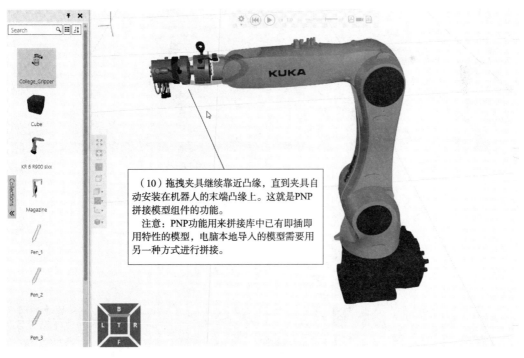

图 2-1-13 操作步骤(10)

（10）拖拽夹具继续靠近凸缘，直到夹具自动安装在机器人的末端凸缘上。这就是PNP拼接模型组件的功能。

注意：PNP功能用来拼接库中已有即插即用特性的模型，电脑本地导入的模型需要用另一种方式进行拼接。

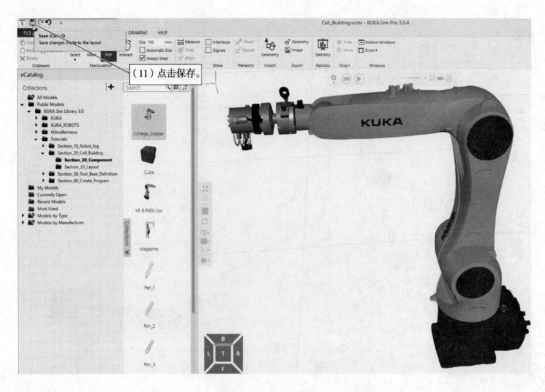

图 2-1-14　操作步骤(11)

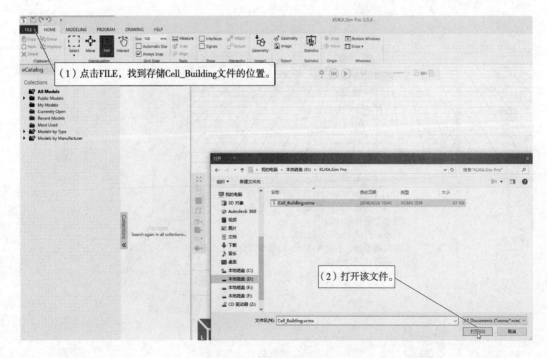

图 2-1-15　操作步骤(1)～(2)

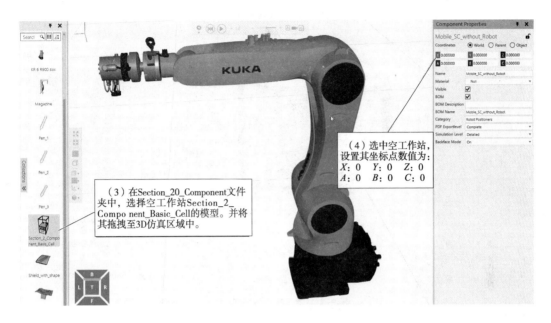

（3）在Section_20_Component文件夹中，选择空工作站Section_2_Component_Basic_Cell的模型。并将其拖拽至3D仿真区域中。

（4）选中空工作站，设置其坐标点数值为：
X：0 Y：0 Z：0
A：0 B：0 C：0

图 2-1-16　操作步骤(3)~(4)

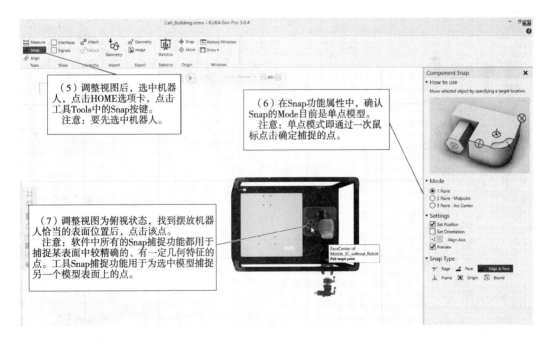

（5）调整视图后，选中机器人，点击HOME选项卡，点击工具Tools中的Snap按键。
注意：要先选中机器人。

（6）在Snap功能属性中，确认Snap的Mode目前是单点模型。
注意：单点模式即通过一次鼠标点击确定捕捉的点。

（7）调整视图为俯视状态，找到摆放机器人恰当的表面位置后，点击该点。
注意：软件中所有的Snap捕捉功能都用于捕捉某表面中较精确的、有一定几何特征的点。工具Snap捕捉功能用于为选中模型捕捉另一个模型表面上的点。

图 2-1-17　操作步骤(5)~(7)

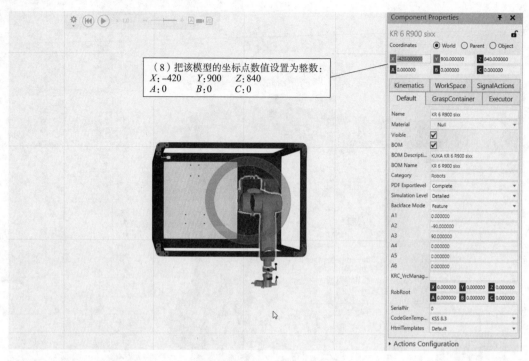

（8）把该模型的坐标点数值设置为整数：
X：−420　　Y：900　　Z：840
A：0　　　　B：0　　　C：0

图 2-1-18　操作步骤（8）

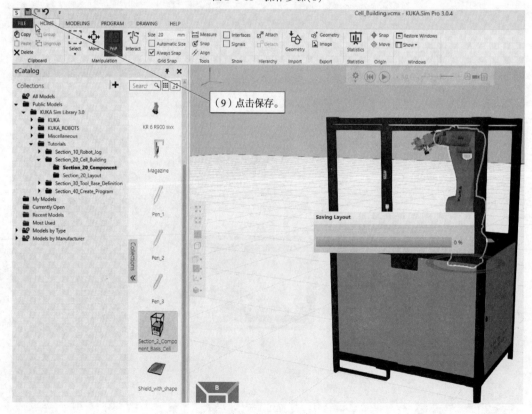

（9）点击保存。

图 2-1-19　操作步骤（9）

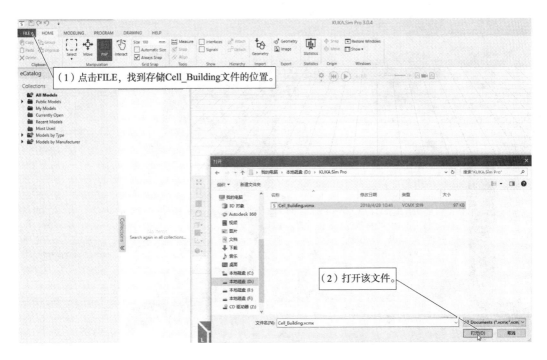

图 2-1-20　操作步骤(1)～(2)

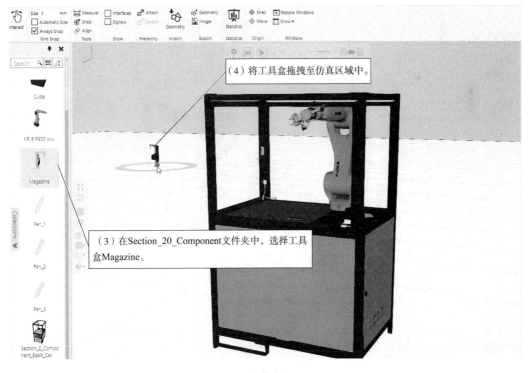

图 2-1-21　操作步骤(3)～(4)

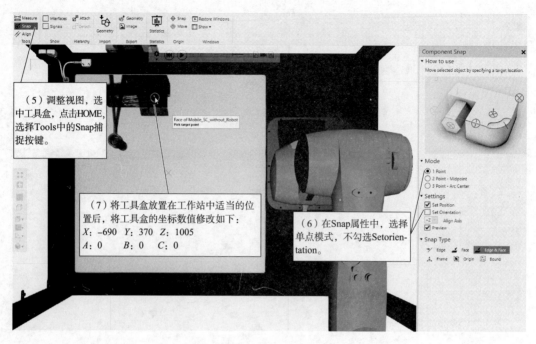

（5）调整视图，选中工具盒，点击HOME，选择Tools中的Snap捕捉按键。

（7）将工具盒放置在工作站中适当的位置后，将工具盒的坐标数值修改如下：
X: –690 Y: 370 Z: 1005
A: 0 B: 0 C: 0

（6）在Snap属性中，选择单点模式，不勾选Setorien-tation。

图 2-1-22 操作步骤(5)～(7)

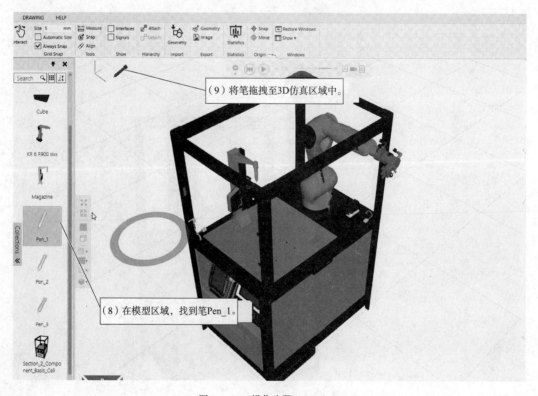

（9）将笔拖拽至3D仿真区域中。

（8）在模型区域，找到笔Pen_1。

图 2-1-23 操作步骤(8)～(9)

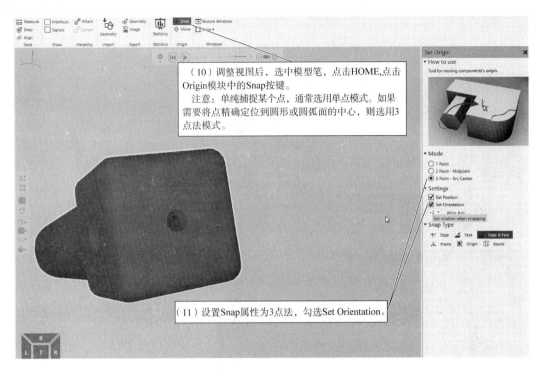

（10）调整视图后，选中模型笔，点击HOME,点击Origin模块中的Snap按键。

注意：单纯捕捉某个点，通常选用单点模式。如果需要将点精确定位到圆形或圆弧面的中心，则选用3点法模式。

（11）设置Snap属性为3点法，勾选Set Orientation。

图 2-1-24　操作步骤(10) ~ (11)

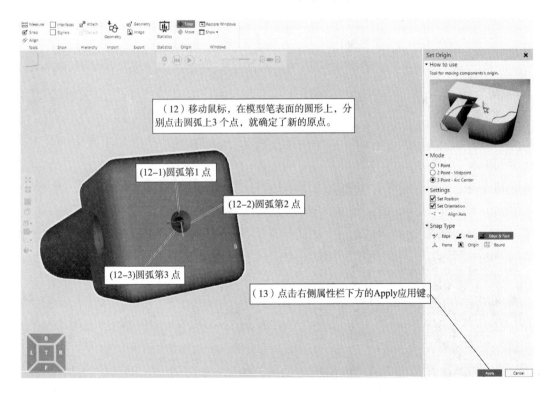

（12）移动鼠标，在模型笔表面的圆形上，分别点击圆弧上3 个点，就确定了新的原点。

(12–1)圆弧第1 点

(12–2)圆弧第2 点

(12–3)圆弧第3 点

（13）点击右侧属性栏下方的Apply应用键。

图 2-1-25　操作步骤(12) ~ (13)

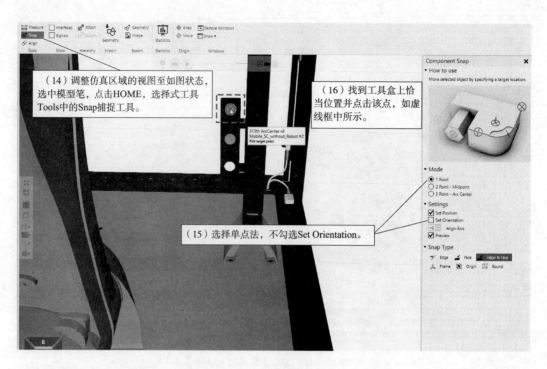

图 2-1-26　操作步骤(14)~(16)

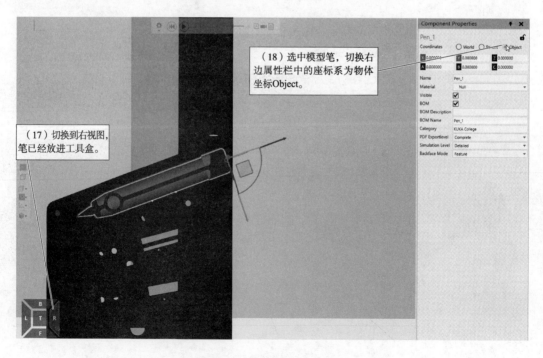

图 2-1-27　操作步骤(17)~(18)

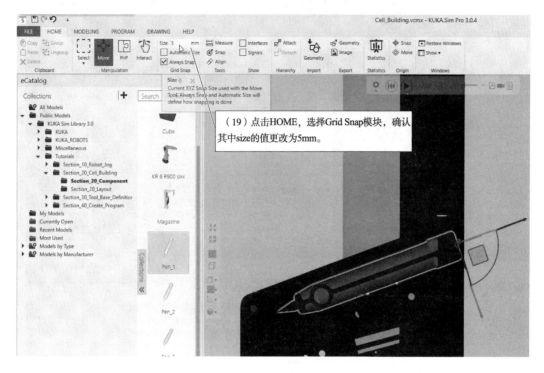

图 2-1-28 操作步骤(19)

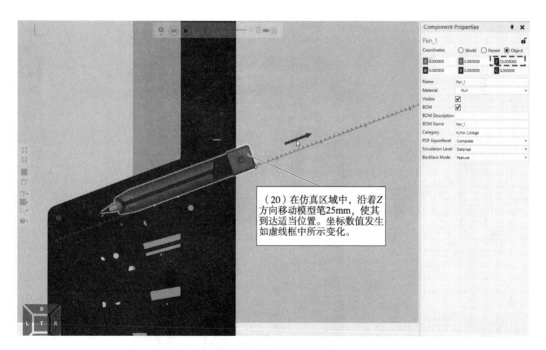

图 2-1-29 操作步骤(20)

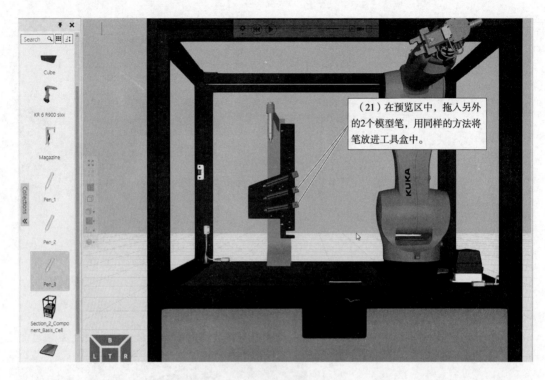

（21）在预览区中，拖入另外的2个模型笔，用同样的方法将笔放进工具盒中。

图2-1-30 操作步骤(21)

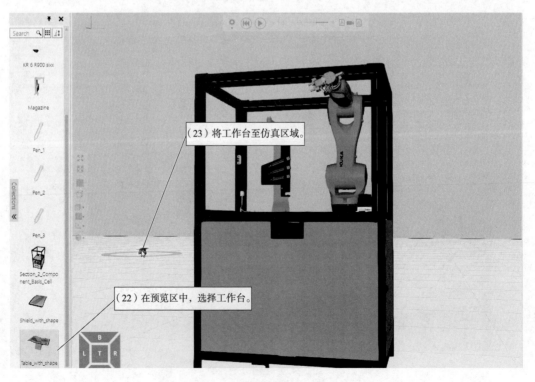

（23）将工作台至仿真区域。

（22）在预览区中，选择工作台。

图2-1-31 操作步骤(22)~(23)

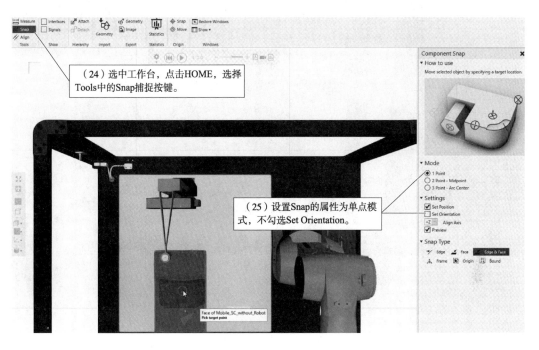

图 2-1-32　操作步骤(24) ~ (25)

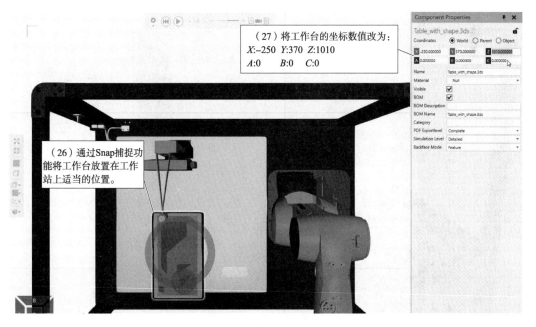

图 2-1-33　操作步骤(26) ~ (27)

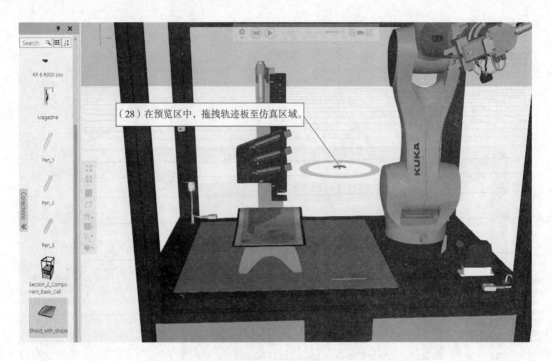

图 2-1-34　操作步骤(28)

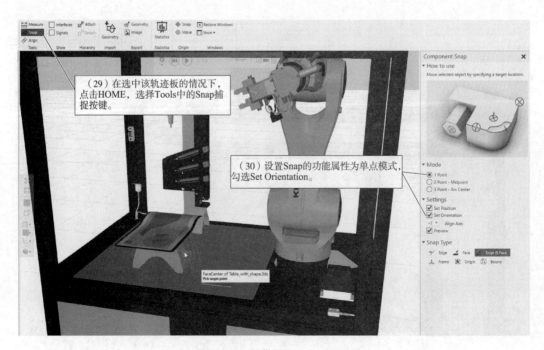

图 2-1-35　操作步骤(29)~(30)

图 2-1-36　操作步骤(31)～(32)

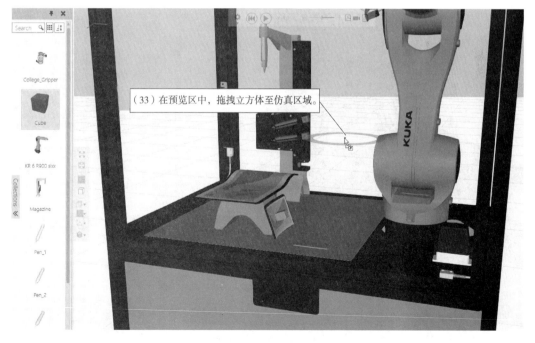

图 2-1-37　操作步骤(33)

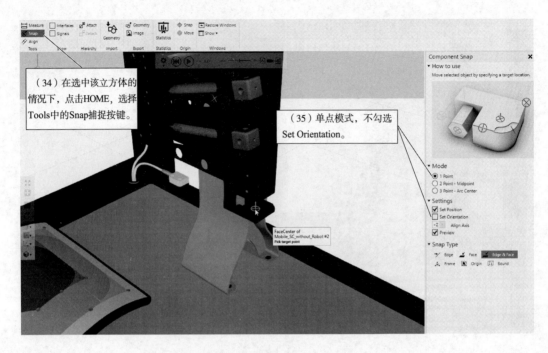

图 2-1-38　操作步骤(34) ~ (35)

图 2-1-39　操作步骤(36) ~ (37)

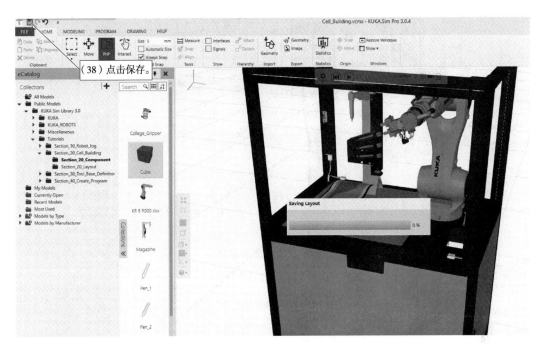

图 2-1-40 操作步骤(38)

任务二 手动操纵机器人

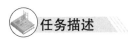**任务描述**

实际操作中,我们用示教器对机器人进行示教。在完成搭建工业机器人工作站之后,我们怎么对机器人进行离线示教呢?

KUKA. Office Lite 软件为虚拟示教器,其由于与实际示教器用法完全相同而对学习离线编程起到了极大的帮助作用。但 KUKA. Office Lite 与 KUKA.SimPro 是两个独立的软件,需要我们学习连接互通这两个软件的操作方法,并通过 KUKA.Sim Pro 软件手动操纵中工作站的机器人。

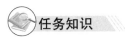**任务知识**

机器人的仿真和离线编程功能多数集中在 KUKA. Sim Pro 软件中的 PROGRAM 选项卡中。该选项卡的常用功能与布局情况如下。

1)主功能区

常用的主功能区包括操作区块(图 2-2-1)、栅格捕捉区块、工具区块、展示区块和碰撞检测区块(图 2-2-2)。其中,大部分区块也出现在开始(HOME)选项卡中,其功能基本一致。

操作和碰撞检测区块的功能见表 2-2-1。

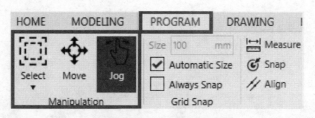

图 2-2-1 PROGRAM 选项卡的操作区块

图 2-2-2 PROGRAM 选项卡的碰撞检测区块

操作和碰撞检测区块的功能 表 2-2-1

区 块 名 称	功 能 简 介
操作	包括选择、移动和示教 3 个主要功能。在离线编程和仿真过程中,点动(Jog)使用的频率较高,用于对机器人进行示教操作
碰撞检测	包括碰撞检测的基本设置与激活等操作,用于机器人在运动过程中与周围设备的碰撞检测,以提前排除该风险

2) 作业图(Job Map)

作业图区块(图 2-2-3)是离线编程功能的主要区域,其中包含离线编程中所需要的大多数程序与逻辑语句。

我们将在以后的离线编程学习中详细了解这些程序与逻辑语句,此处不再赘述。

3) 控制器图(Controller Map)

控制器图区块(图 2-2-4)主要包括显示机器人的型号与主要参数、当前文件的信息和软件互联设置区域等。

图 2-2-3 PROGRAM 选项卡的工作图

图 2-2-4 PROGRAM 选项卡的控制图

在软件 KUKA. Sim Pro 和 Office Lite 的连接过程中,我们需用到控制图中的一些属性设置。

4)点动(Jog)

在机器人的离线编程和仿真过程中,操作区块中的示教功能使用较多。其具有相应的点动属性界面如图 2-2-5 所示。

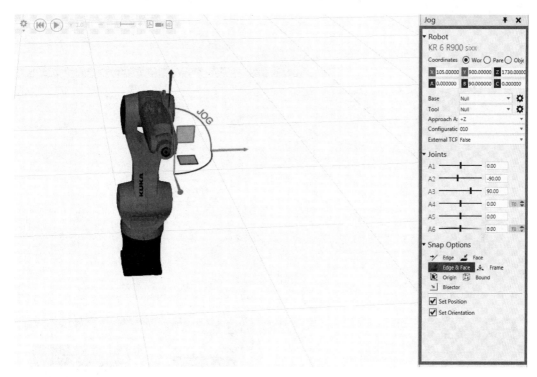

图 2-2-5 PROGRAM 选项卡的示教属性界面

在点动界面中,有相应的 3 个部分,分别是坐标系及其参数、轴和捕捉选项。

①坐标系。在工作站搭建的学习任务中,我们知道坐标系可以用来确定机器人的位置。具体的坐标系下方,则是机器人的重要参数设置。其中包括基坐标系和工具坐标系的设置。

②轴。轴部分则清楚地显示机器人各轴的当前参数。如果示教机器人关节进行运动,则对应的轴参数将发生改变。

③捕捉选项。Snap 捕捉功能是我们最常使用的功能之一,在示教过程中也经常使用。在此处,可以显示 Snap 捕捉功能的一般属性,使用的时候可根据需要改变捕捉特点即可。

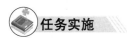 **任务实施**

1. 实现 Sim Pro 和 OfficeLite 的连接

连接软件 KUKA.Sim Pro 和 KUKA.OfficeLite 的操作步骤如图 2-2-6 ~ 图 2-2-13 所示。

2. 手动操纵工业机器人

通过 KUKA.Sim Pro 手动操纵机器人的操作步骤如图 2-2-14 ~ 图 2-2-20 所示。

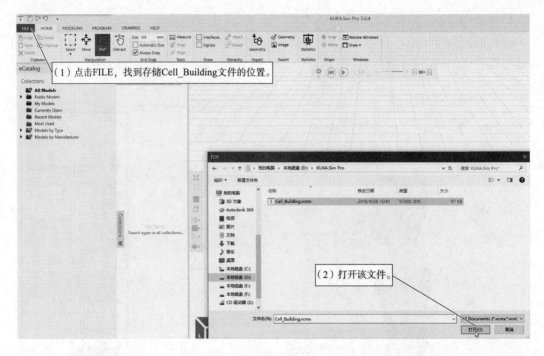

图 2-2-6　操作步骤(1) ~ (2)

图 2-2-7　操作步骤(3) ~ (5)

（6）将虚拟机拖拽到屏幕的右边，将KUKA.
Sim Pro拖拽到屏幕的左边。
注意：虚拟机启动过程中如果有软件升级的
提示，点击Remind Me Later。

图 2-2-8　操作步骤(6)

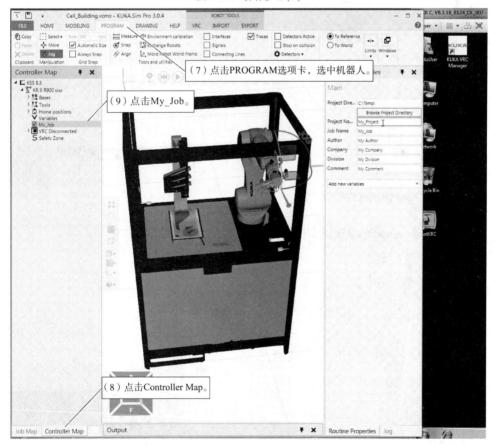

（7）点击PROGRAM选项卡，选中机器人。

（9）点击My_Job。

（8）点击Controller Map。

图 2-2-9　操作步骤(7)～(9)

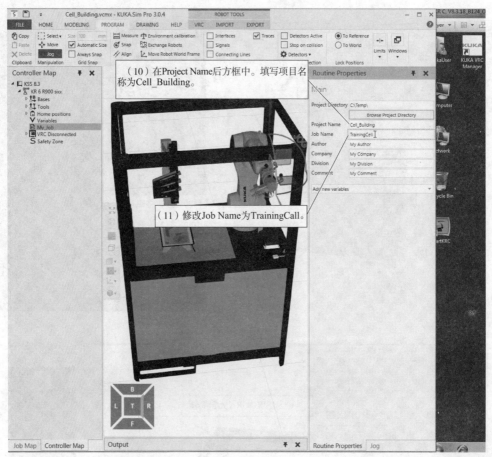

图 2-2-10　操作步骤(10)~(11)

图 2-2-11　操作步骤(12)~(14)

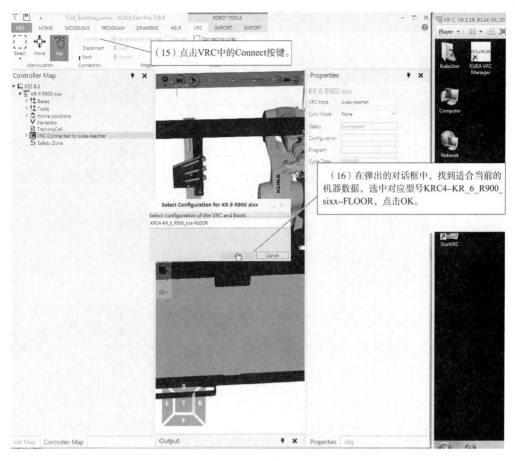

图 2-2-12　操作步骤(15) ~ (16)

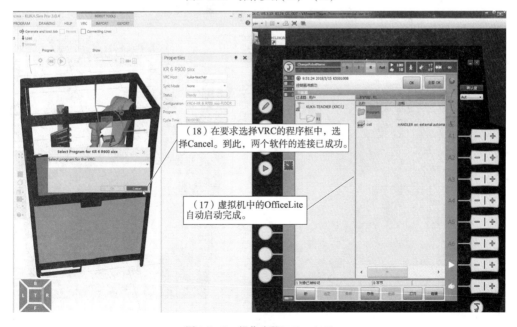

图 2-2-13　操作步骤(17) ~ (18)

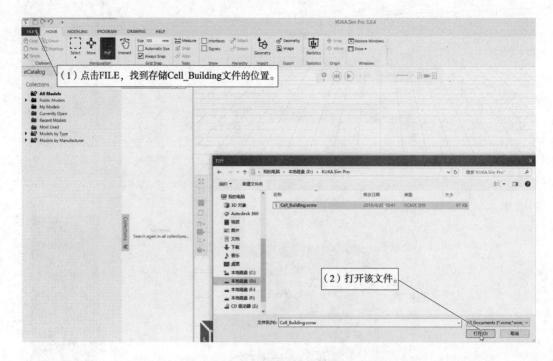

图 2-2-14　操作步骤(1) ~ (2)

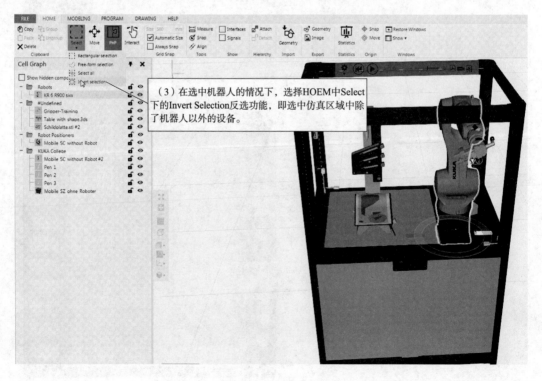

图 2-2-15　操作步骤(3)

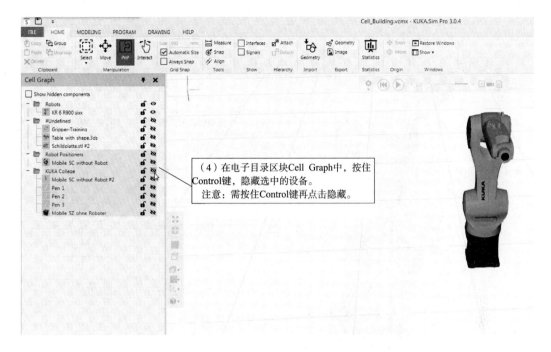

图 2-2-16　操作步骤(4)

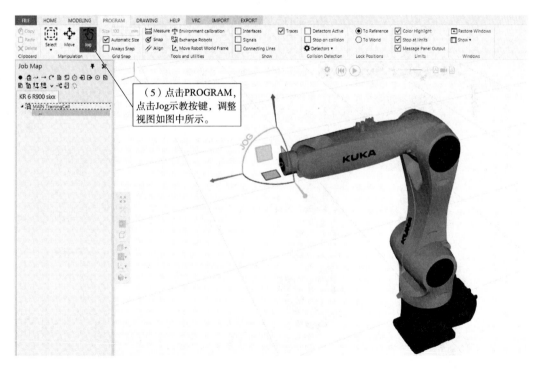

图 2-2-17　操作步骤(5)

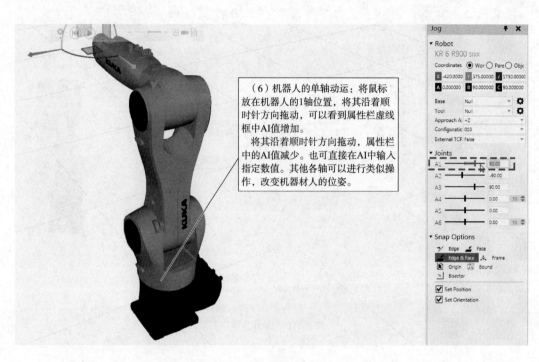

（6）机器人的单轴动运：将鼠标放在机器人的1轴位置，将其沿着顺时针方向拖动，可以看到属性栏虚线框中AI值增加。

将其沿着顺时针方向拖动，属性栏中的AI值减少。也可直接在AI中输入指定数值。其他各轴可以进行类似操作，改变机器材人的位姿。

图 2-2-18　操作步骤(6)

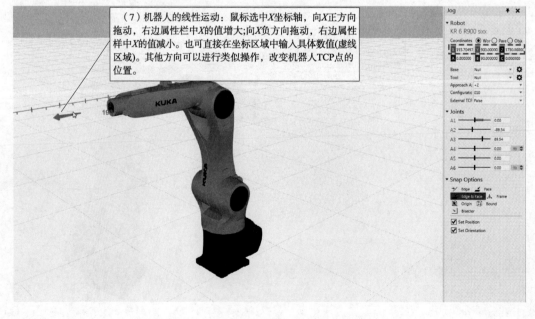

（7）机器人的线性运动：鼠标选中X坐标轴，向X正方向拖动，右边属性栏中X的值增大;向X负方向拖动，右边属性样中X的值减小。也可直接在坐标区域中输入具体数值(虚线区域)。其他方向可以进行类似操作，改变机器人TCP点的位置。

图 2-2-19　操作步骤(7)

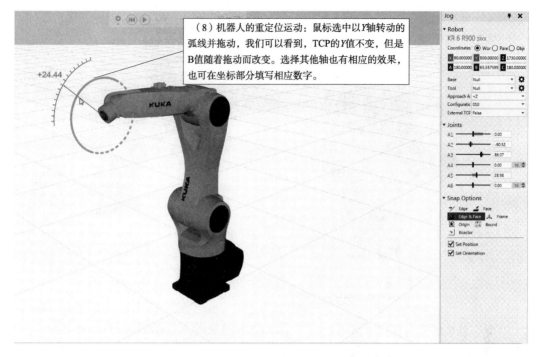

（8）机器人的重定位运动：鼠标选中以Y轴转动的弧线并拖动，我们可以看到，TCP的Y值不变，但是B值随着拖动而改变。选择其他轴也有相应的效果，也可在坐标部分填写相应数字。

图2-2-20　操作步骤（8）

任务三　创建工业机器人坐标系与轨迹程序

**任务描述**

　　机器人在进行抓取和放置作业中，其凸缘盘工具必须在工作空间中两个特定的位置之间移动；在路径追踪作业中，比如焊接、切削、喷涂等，凸缘盘工具在三维空间中遵循特定的轨迹运动。根据不同的作业类型，机器人需选用合适的坐标系来建立运动轨迹。本次任务，我们将学习创建工业机器人的坐标系与轨迹程序，并实现机器人的仿真运动。

任务知识

　　1. KUKA 机器人坐标系统简介

　　为了说明机器人在空间的运动情况，比如：位置、运动方向及速度等，必须为其选定一个参考系，也就是坐标系统。机器人在坐标系中的位置数据，称为坐标。同一个位置，在不同的坐标系中，其坐标值是不同的。KUKA 机器人中主要的坐标系统包括工具坐标系与基坐标系。

　　1）工具坐标系

　　工具坐标系通常建立在机器人腕部凸缘盘所握工具的尖端点或有效位置上，如图2-3-1所示。工具坐标系的建立使得示教操作更为方便的同时，也使得工具的运行轨迹更加精确。

　　2）基坐标系

　　对于 KUKA 机器人而言，创建基坐标系通常意味着，在某一个工件上创建坐标系，并使得机器人在此坐标系中运动,如图 2-3-2 所示。如果有相同的工件,只需重新定义基坐标系,不同的机器人就能使用同一个程序来进行同样的工艺操作。

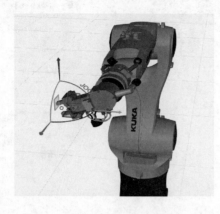

图 2-3-1　工具坐标系的位置在工具上　　　　图 2-3-2　基坐标系的位置在工件上

2. 机器人运动初始状态 HOME 点的概念

HOME 点是机器人预先设定的一个固定位置,它是机器人运动的起始点,经常在一个程序中或者用手动进给的方式运行机器人时使用。HOME 点远离机器人工具或外围设备的操作区,是一个安全位置(图 2-3-3)。机器人作业结束后,也将回到 HOME 点。

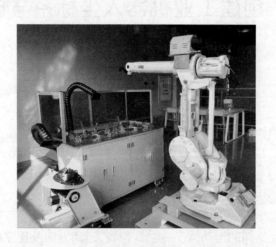

图 2-3-3　处于 HOME 点时机器人远离作业区

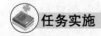 **任务实施** ◢◢◢

1. 创建工具坐标系

创建工具坐标系的操作步骤如图 2-3-4 ~ 图 2-3-9 所示。

2. 创建基坐标系

创建基坐标系依然基于 Cell_Building 文件,具体的操作步骤如图 2-3-10 ~ 图 2-3-13 所示。

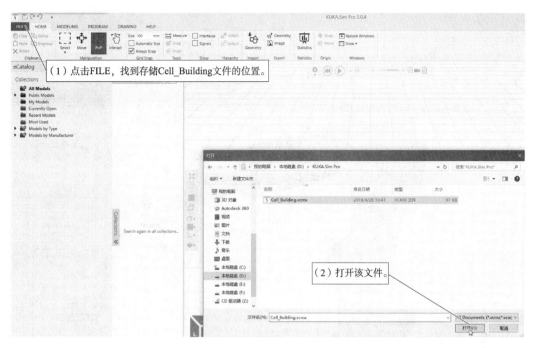

图 2-3-4　操作步骤(1) ~ (2)

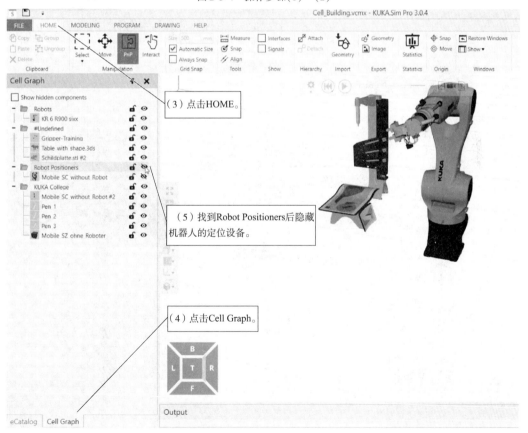

图 2-3-5　操作步骤(3) ~ (5)

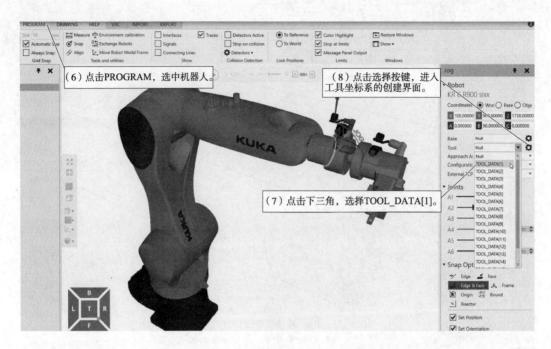

图 2-3-6　操作步骤(6)~(8)

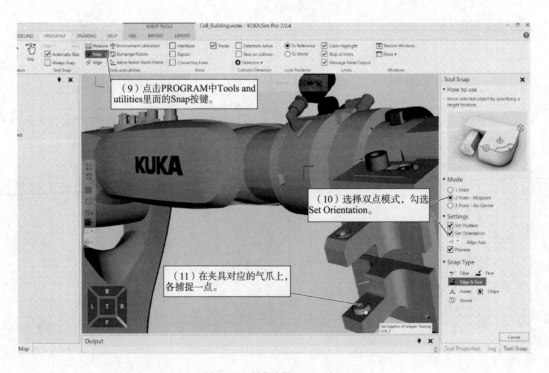

图 2-3-7　操作步骤(9)~(11)

图 2-3-8　操作步骤(12) ~ (13)

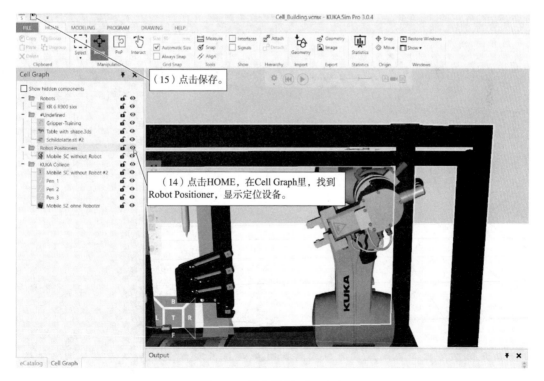

图 2-3-9　操作步骤(14) ~ (15)

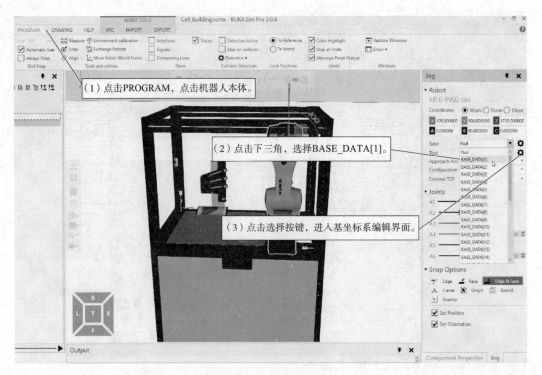

图 2-3-10 操作步骤(1)~(3)

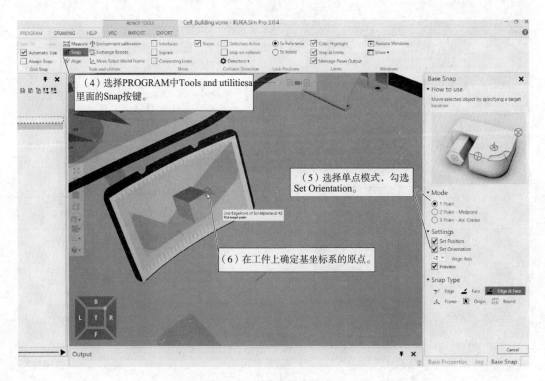

图 2-3-11 操作步骤(4)~(6)

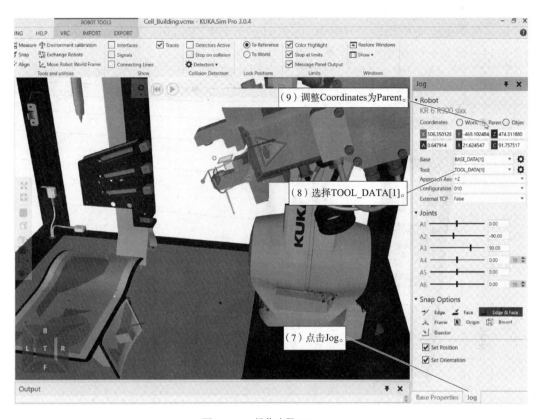

图 2-3-12 操作步骤(7)～(9)

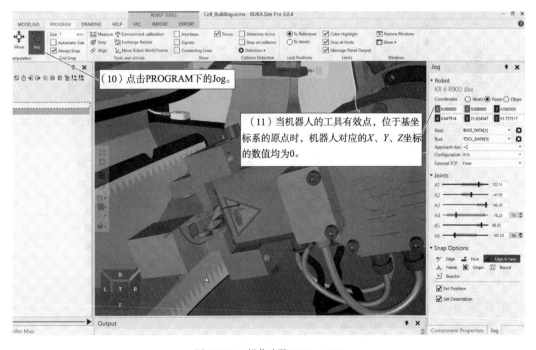

图 2-3-13 操作步骤(10)～(11)

3. 定义机器人运动初始状态——HOME 点

定义机器人运动初始状态 HOME 点依旧基于 Cell_Building 文件, 具体操作步骤如图 2-3-14 ~ 图 2-3-17 所示。

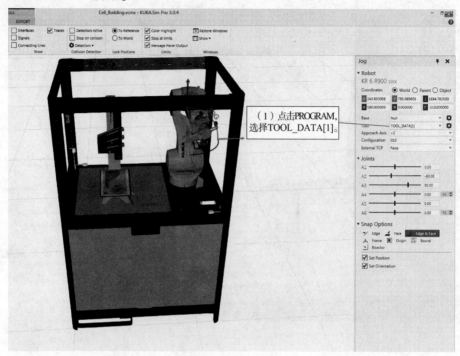

（1）点击PROGRAM, 选择TOOL_DATA[1]。

图 2-3-14　操作步骤(1)

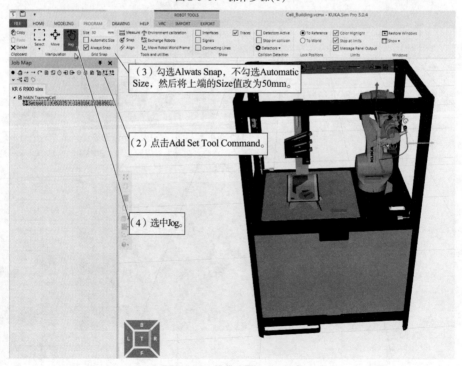

（3）勾选Alwats Snap，不勾选Automatic Size，然后将上端的Size值改为50mm。

（2）点击Add Set Tool Command。

（4）选中Jog。

图 2-3-15　操作步骤(2)~(4)

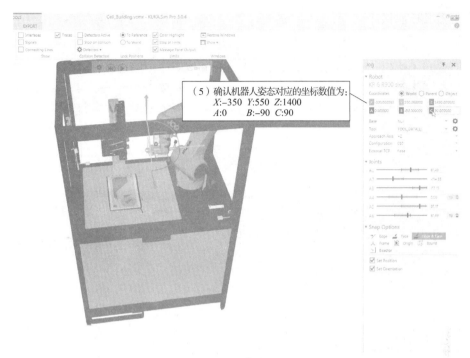

（5）确认机器人姿态对应的坐标数值为：
X:-350 Y:550 Z:1400
A:0 B:-90 C:90

图 2-3-16 操作步骤(5)

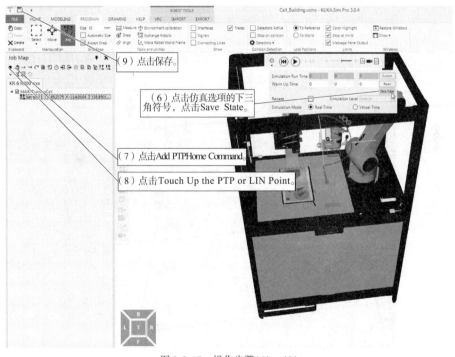

（9）点击保存。

（6）点击仿真选项的下三角符号，点击Save State。

（7）点击Add PTPHome Command。

（8）点击Touch Up the PTP or LIN Point。

图 2-3-17 操作步骤(6)~(9)

4. 创建工业机器人运动轨迹程序

创建工业机器人运动轨迹程序依然基于 Cell_Building 文件，具体操作步骤包括机器人抓取指针与机器人放置指针两部分。

1）机器人抓取指针

机器人抓取指针的具体操作步骤如图 2-3-18～图 2-3-27 所示。

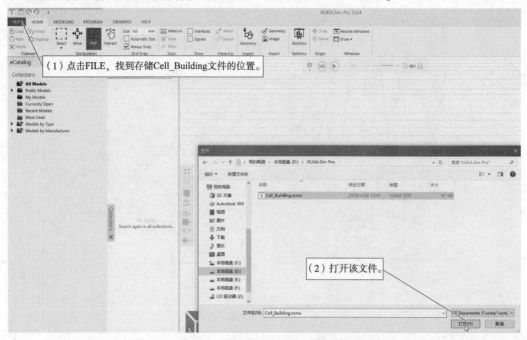

图 2-3-18　操作步骤(1)～(2)

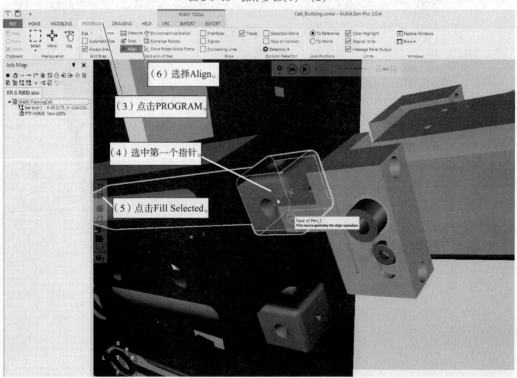

图 2-3-19　操作步骤(3)～(6)

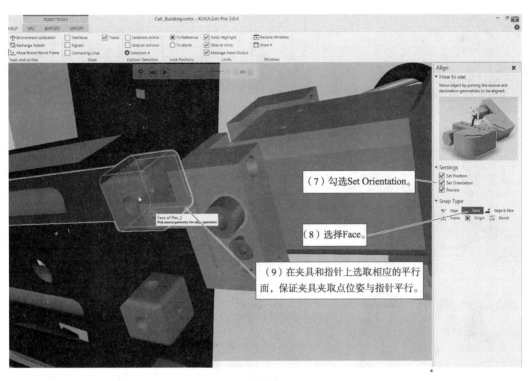

图 2-3-20　操作步骤(7)~(9)

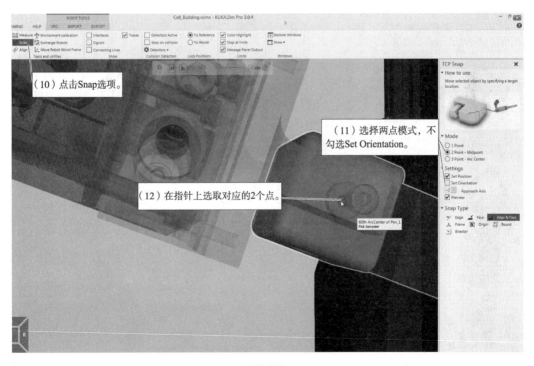

图 2-3-21　操作步骤（10）~（12）

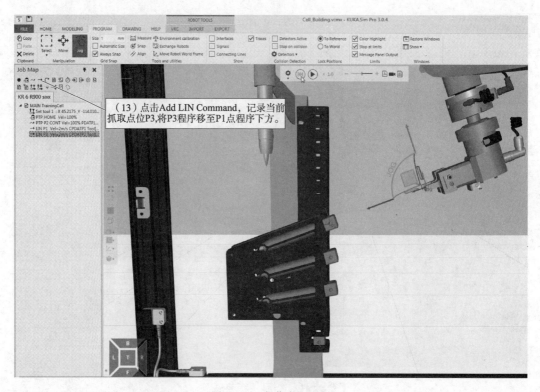

图 2-3-22　操作步骤(13)

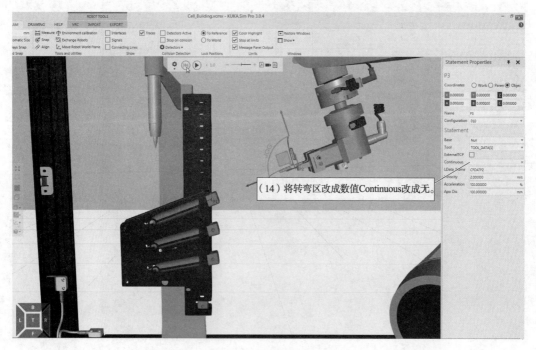

图 2-3-23　操作步骤(14)

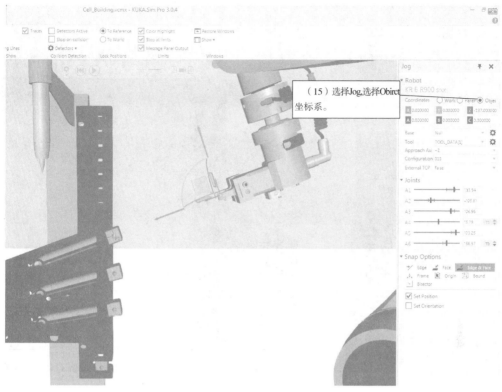

图 2-3-24　操作步骤(15)

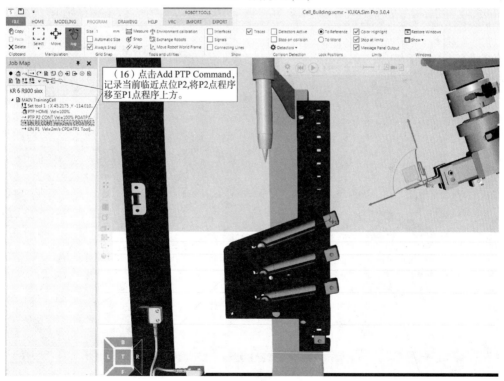

图 2-3-25　操作步骤(16)

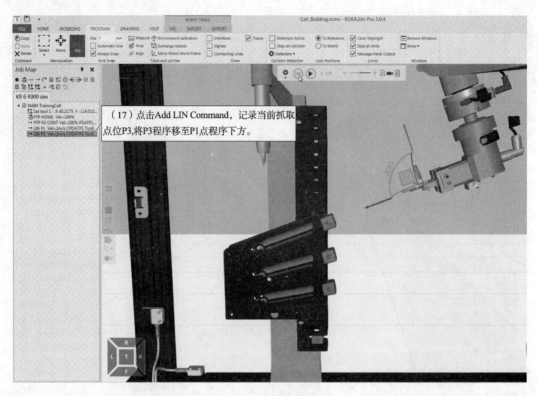

（17）点击Add LIN Command，记录当前抓取点位P3，将P3程序移至P1点程序下方。

图 2-3-26 操作步骤(17)

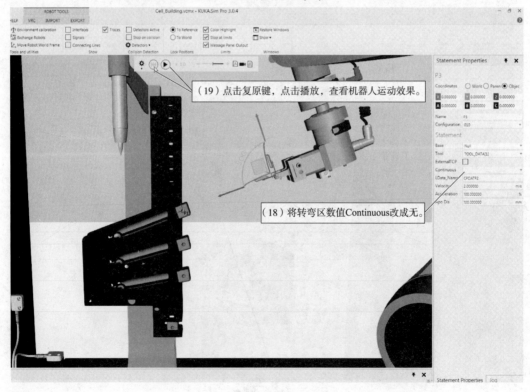

（19）点击复原键，点击播放，查看机器人运动效果。

（18）将转弯区数值Continuous改成无。

图 2-3-27 操作步骤(18) ~ (19)

2）机器人放置指针

机器人放置指针的操作步骤如图 2-3-28 ~ 图 2-3-35 所示。

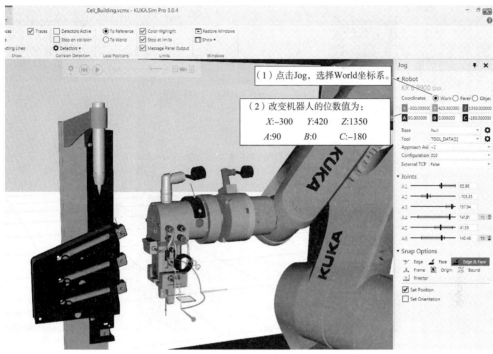

图 2-3-28　操作步骤(1) ~ (2)

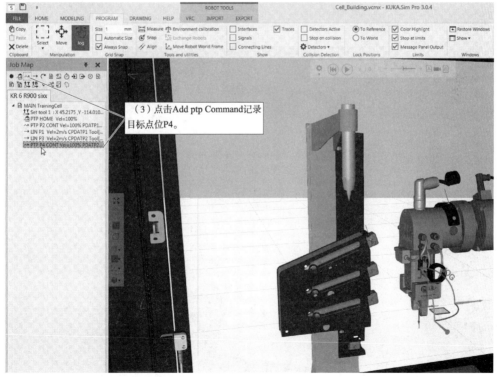

图 2-3-29　操作步骤(3)

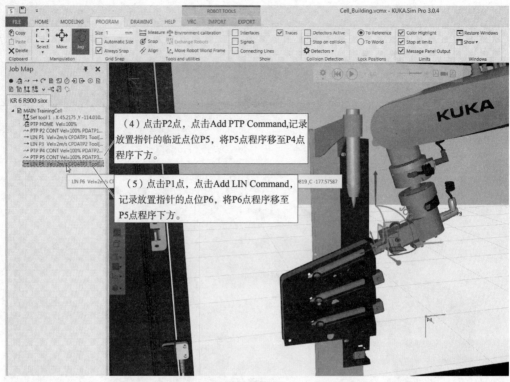

图 2-3-30　操作步骤(4)~(5)

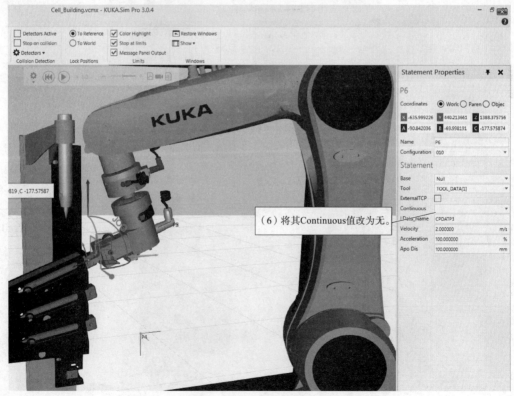

图 2-3-31　操作步骤(6)

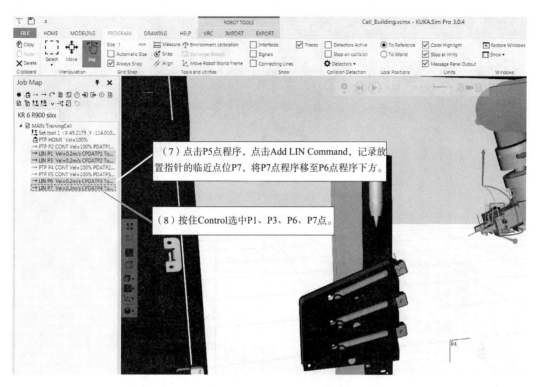

图 2-3-32 操作步骤(7)～(8)

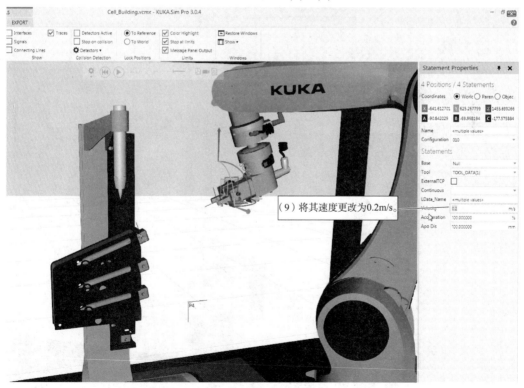

图 2-3-33 操作步骤(9)

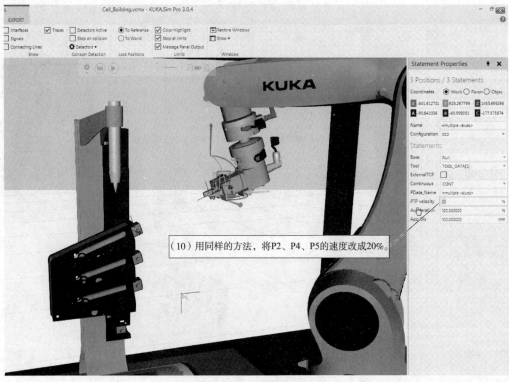

图 2-3-34　操作步骤(10)

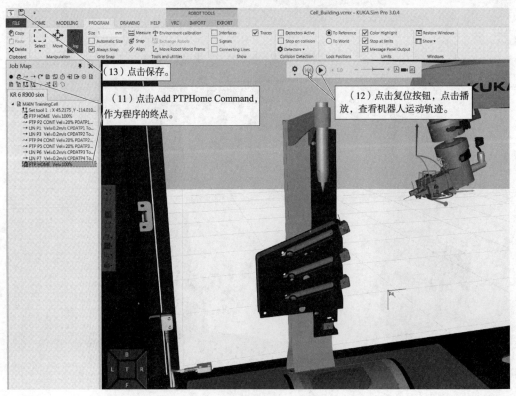

图 2-3-35　操作步骤(11) ~ (13)

任务四　工业机器人的仿真运行及仿真导出

任务描述

在实际建设机器人工作站环境和实施工业机器人实际作业之前,对机器人系统进行仿真运行,可以模拟出机器人的工作状态,依此加以改进,达到减少返工、缩短生产工期的目的。

之前,我们已经创建了工业机器人的运动轨迹程序,并实现了机器人的仿真运动,本次任务,我们将学习导出机器人的仿真运行画面。

任务知识

1. 工业机器人仿真技术的意义及内容

通过计算机对实际的机器人系统进行模拟,机器人仿真可以让机器人的优化设计和研究变得便利而高效,为机器人结构的优化设计提供依据,大大提高了机器人的研制水平。

仿真技术的主要内容是模拟真实作业环境,对虚拟机械系统进行静力学、运动学和动力学分析,以预测机械系统的性能、运动范围、碰撞检测、峰值载荷以及计算有限元的输入载荷等。

2. 仿真运动常用的导出格式

常用的导出格式有 3D PDF、视频和动画,其中 3D PDF 的效果需安装 Adobe Reader 软件(图 2-4-1),并在"编辑"下拉菜单中的"首选项"里开启该软件的 3D 功能,方可正常查看,如图 2-4-2 所示。

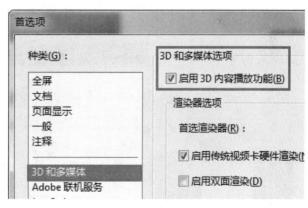

图 2-4-1　Adobe Reader 软件　　　　　　　　图 2-4-2　启用 3D 内容播放功能

任务实施

工业机器人的仿真运行可以导出 3 种格式的仿真运动文件。

1. 导出 3D PDF

导出 3D PDF 的操作步骤如图 2-4-3 ~ 图 2-4-7 所示。

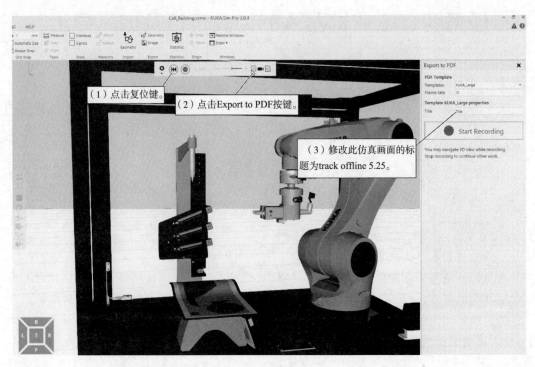

图 2-4-3　操作步骤(1)~(3)

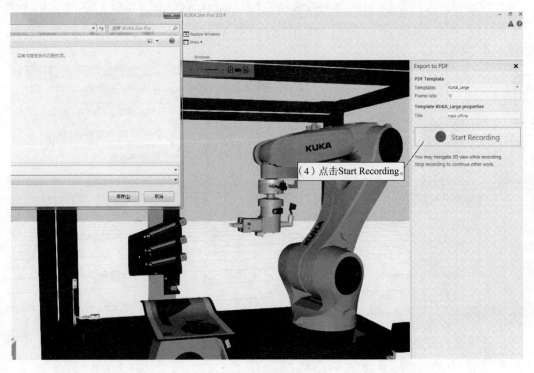

图 2-4-4　操作步骤(4)

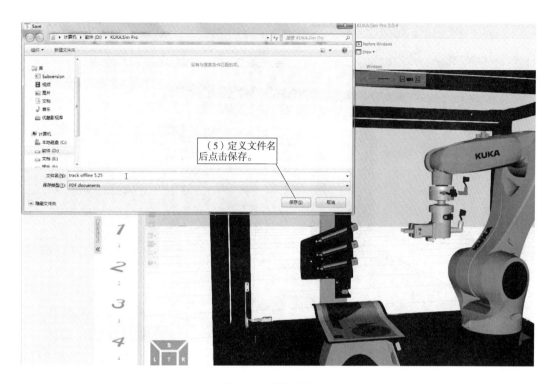

图 2-4-5　操作步骤(5)

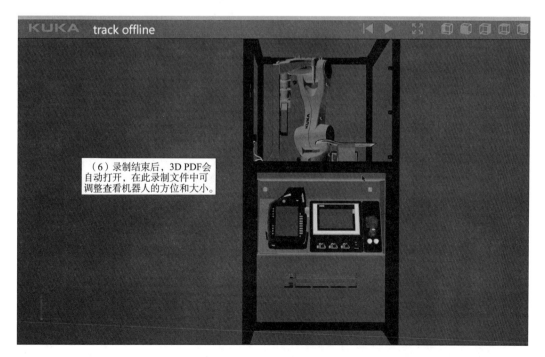

图 2-4-6　操作步骤(6)

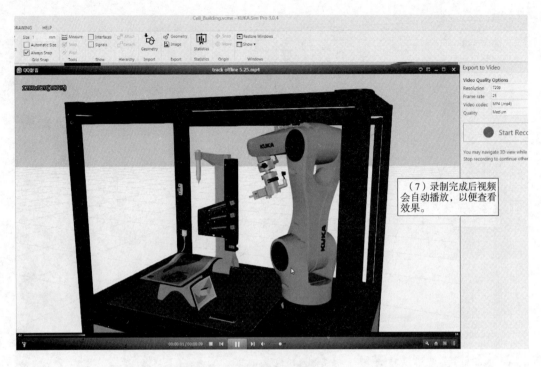

图 2-4-7　操作步骤(7)

2. 导出视频

导出视频的操作步骤如图 2-4-8 ~ 图 2-4-11 所示。

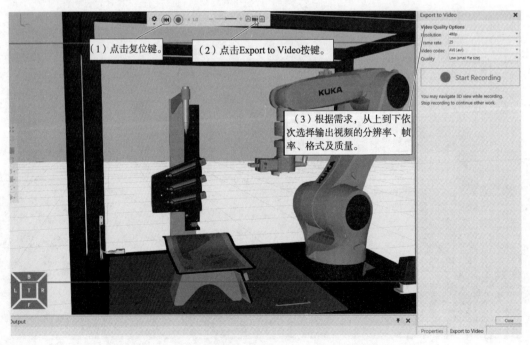

图 2-4-8　操作步骤(1) ~ (3)

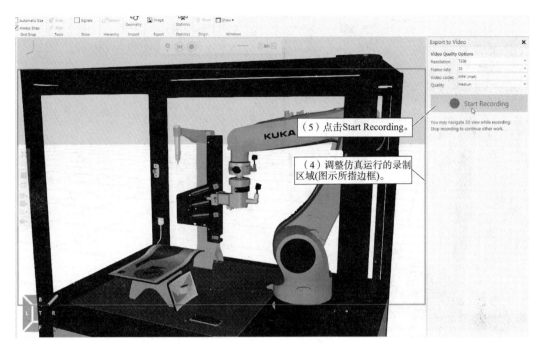

图 2-4-9 操作步骤(4)~(5)

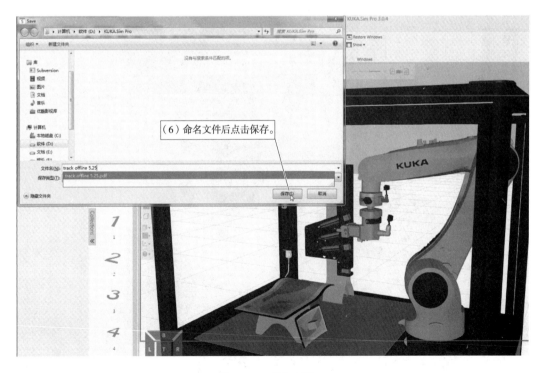

图 2-4-10 操作步骤(6)

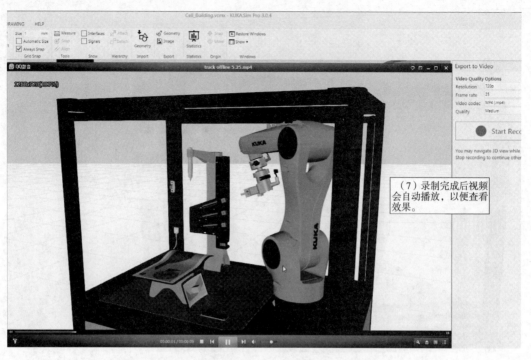

图 2-4-11　操作步骤(7)

3.导出动画

导出动画的操作步骤如图 2-4-12 ~ 图 2-4-14 所示。

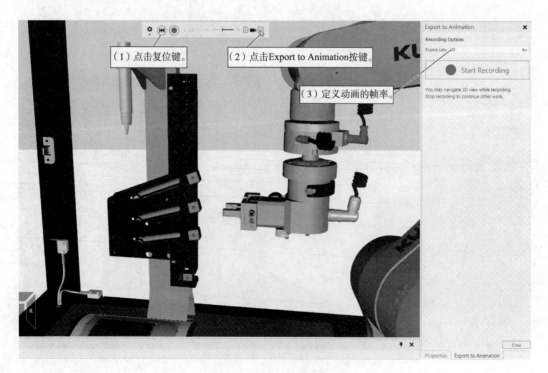

图 2-4-12　操作步骤(1) ~ (3)

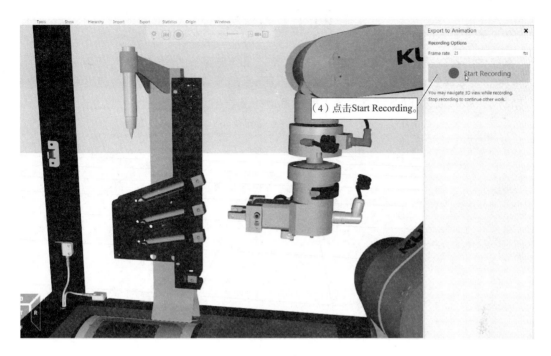

（4）点击Start Recording。

图 2-4-13 操作步骤(4)

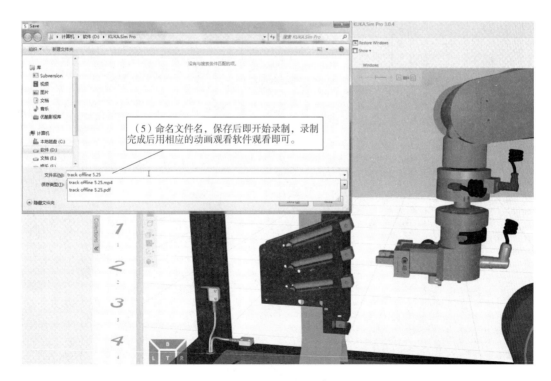

（5）命名文件名，保存后即开始录制，录制完成后用相应的动画观看软件观看即可。

图 2-4-14 操作步骤(5)

项 目 小 结

　　本项目内容主要讲述了构建仿真工业机器人工作站的一些基本操作，在本项目的学习中，学生需要掌握工业机器人基础工作站的布局、手动操纵机器人的方法、工业机器人坐标系与轨迹程序的创建，以及工业机器人的仿真运行及导出。

项目三　构建离线仿真模型

任务一　建模功能的使用

任务描述

使用 Sim Pro 对机器人进行仿真时,通常需要用到机器人周边的模型。如果对于这些模型的精细程度要求不高,可以直接在软件中创建 3D 模型。

本任务中,将讲述 Sim Pro 软件,建模功能界面的整体功能和区域分布,并学习使用 Sim Pro 米创建 3D 模型。

任务知识

1. Sim Pro 建模选项卡功能

与开始 HOME 选项卡类似,建模 Modeling 选项卡中的功能区块主要有:剪贴板(Clipboard)、操作(Manipulation)、网格捕捉(Grid Snap)、工具(Tools)、移动模式(Move Mode)、导入(Import)、组件(Component)、结构(Structure)、几何元(Geometry)、行为(Behavior)、属性(Properties)、额外向导(Extra Wizards)、原点(Origin)和窗口(Windows),如图 3-1-1 所示。

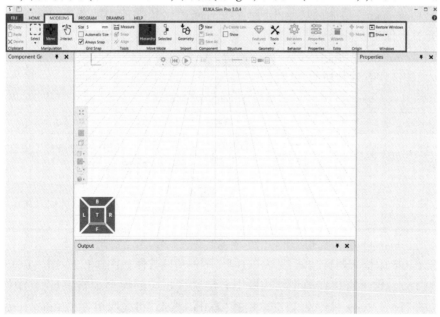

图 3-1-1　建模 Modeling 选项卡功能区块概览

其中部分功能与开始 HOME 选项卡中的功能类似,只是操作对象不再是整体模型,而是模型中的各个部分。例如,Move 按键,是针对模型的可选中部分。其他按键类似,这里不再赘述。

接下来我们对建模选项卡中的功能区块进行了解。

1)移动模式(Move Mode)功能区块

移动模式功能区块有两种模式,见表 3-1-1。

移动模式(Move Mode)子功能

表 3-1-1

示　　例	子功能名称	子功能简介
Hierarchy　Selected Move Mode	层级移动模式(Hierarchy)	移动选中关节及其子关节组成的整体或局部
	选中的移动模式(Selected)	移动选中的当前最小的子级组件

2)组件(Component)功能区块

组件功能区块有 3 种功能,见表 3-1-2。

组件(Component)子功能

表 3-1-2

示　　例	子功能名称	子功能简介
New Save Save As Component	新建(New)	新建组件
	存储(Save)	保存组件
	存储为(Save as)	保存组件

组件(Component)功能区块与几何元(Geometry)区块功能中的特征(Features)联合使用,可新建并存储带有一定特征的模型。

3)结构(Structure)功能区块

结构功能区块有两种功能,见表 3-1-3。

结构(Structure)子功能

表 3-1-3

示　　例	子功能名称	子功能简介
Create Link Show Structure	创建链接(Create Link)	创建一个链接关节,是机械关节创建的关键
	显示(Show)	查看模型的关节结构特征

4)几何元(Geometry)功能区块

几何元功能区块有两种功能,见表 3-1-4。两种功能具体如图 3-1-2 ~ 图 3-1-3 所示。

工具(Tools)也可直接在模型结构图中右键选择相应的模型编辑工具,其中爆炸(Explode)、合并特征(Merge features)、提取链接(Extract link)和提取组件(Extract component),这些功能的使用频率较高。

模型(Geometry)子功能 表 3-1-4

示 例	子功能名称	子功能简介
	特征(Features)	给模型添加特性(特征)
	工具(Tools)	对模型进行相应编辑,如移除模型中的镂空部分等

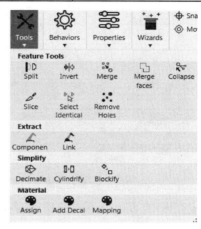

图 3-1-2 特性功能

图 3-1-3 工具功能

5)行为(Behavior)功能区块

行为功能区块可编辑创建模型的行为,如接口(Interface)、信号(Signal)、传感器(Sensors)等,如图 3-1-4 所示。

图 3-1-4 行为功能

6）属性（Properties）功能区块

属性功能区块则可创建或查看模型的属性，如图 3-1-5 所示。

7）额外向导（Extra Wizards）功能区块

额外向导功能区块（图 3-1-6）针对不同种类的模型有相应的额外功能，如末端执行器（End Effector）、IO 控制（IO-Control）和定位器（Positioner）等。

图 3-1-5　属性功能

图 3-1-6　附加魔术盒功能

在实际应用中，可选择不同的功能对模型进行编辑。例如，焊接中常用的变位机的编辑，需要使用额外向导中的 Positioner 功能。

2.圆台模型参数概述

图 3-1-7 是模型参数设置界面。创建模型时，要对模型各参数进行设置，它们的含义见表 3-1-5 所示。

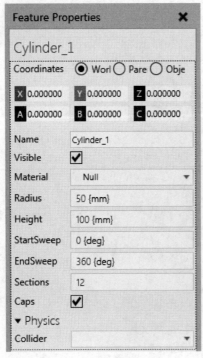

图 3-1-7　模型参数设置界面

圆柱体模型参数含义　　　表 3-1-5

参　　数	参数含义
名称 Name	定义模型的名称
可见属性 Visible	设置模型的可见性，不勾选模型则隐藏
材料 Material	设置该模型的颜色和材质
半径 Radius	设置圆柱的底面半径
高度 Height	设置模型的高度
StartSweep 与 End-Sweep	定义圆柱扫过角度的体积
截面 Sections	定义该圆柱底面的棱长数量
盖 Caps	定义该模型是否有底面
物理属性 Physics	设置模型的碰撞属性

任务实施

使用 Sim Pro 创建 3D 模型并导出,包括如下具体操作。

1. 创建 3D 模型

创建 3D 模型的具体操作步骤如图 3-1-8 ～图 3-1-9 所示。

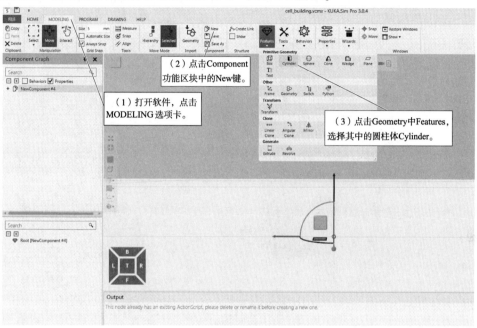

图 3-1-8　操作步骤(1) ~ (3)

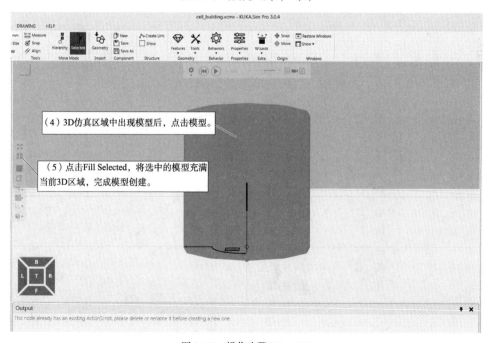

图 3-1-9　操作步骤(4) ~ (5)

2. 设置模型参数并导出

设置模型参数并导出的操作步骤如图 3-1-10 ~ 图 3-1-14 所示。

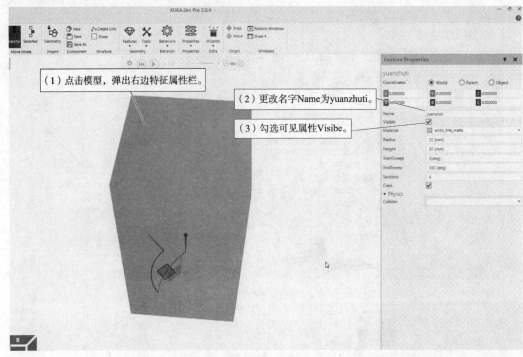

图 3-1-10　操作步骤(1)~(3)

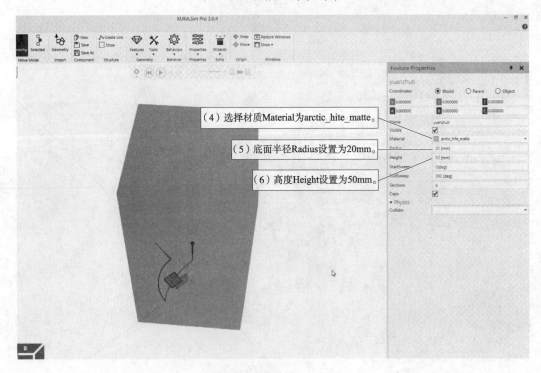

图 3-1-11　操作步骤(4)~(6)

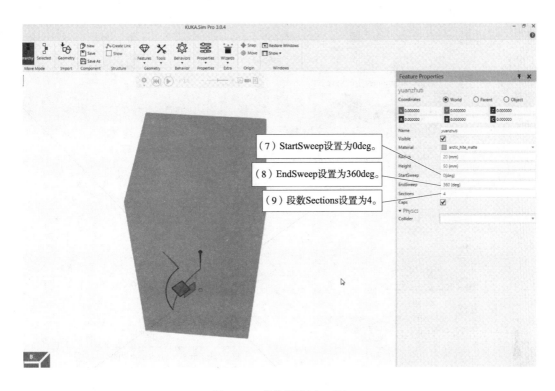

图 3-1-12　操作步骤(7)～(9)

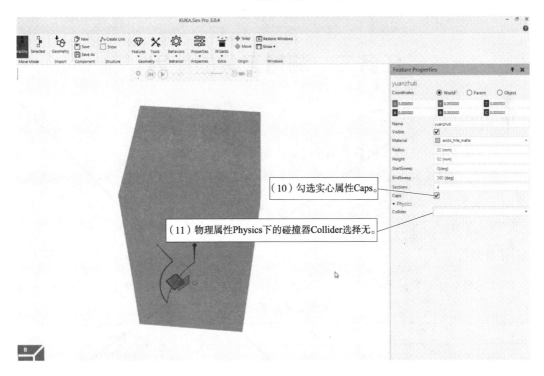

图 3-1-13　操作步骤(10)～(11)

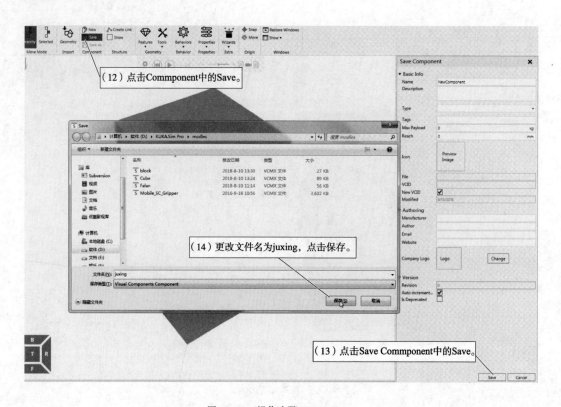

图 3-1-14　操作步骤(12)～(14)

任务二　测量工具的使用

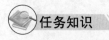 任务描述

使用 Sim Pro 对机器人进行仿真时,有时需要采集模型的数据,或者模型与空间环境之间的数据。例如,为了使操作更方便,使用测量工具对某些模型进行距离或者角度的测量。

本次学习任务,将讲述使用两种不同的测量工具对模型进行测量。

任务知识

不同的测量功能测量不同的数据,它们的具体功能见表 3-2-1。图 3-2-1 是测量功能界面。

测量工具的页面设置　　　　　　　　　　　　　　　　　表 3-2-1

功　　能	子　功　能	功　能　说　明
模式选择 Mode	距离 Distance	测量距离模式
	角度 Angle	测量角度模式
	距离和角度 Distance and Angle	同时测量距离和角度模式

续上表

功 能	子 功 能		功 能 说 明
设置 Settings	显示 *XYZ* 标值 Show *XYZ* values	World	测量时同时查看世界坐标值
		Parent	测量时同时查看父级坐标值
		Object	测量时同时查看物体坐标值
参考对象类型 Snap Type	边 Edge		选择棱边为参考对象
	面 Face		选择面为参考对象
	边和面 Edge and Face		选择边、面为参考对象
	自由点 Free point		选择点为参考对象
	原点 Origin		以模型原点为第一参考对象
	边界框 Bound		以模型的角点或中心点位第一参考对象

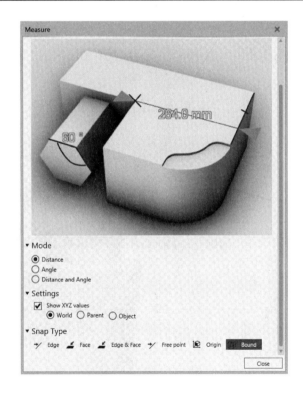

图 3-2-1 测量功能界面

任务实施

1. 测量长度

测量模型长度的操作步骤,如图 3-2-2 ~ 图 3-2-4 所示。

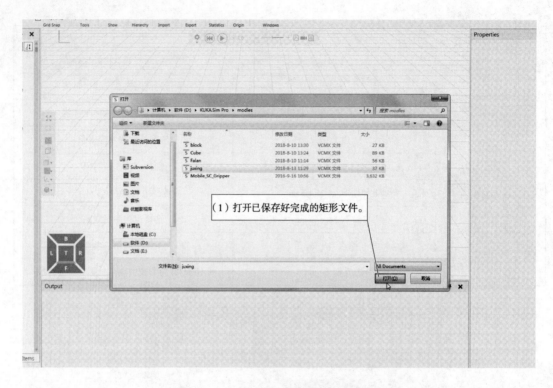

图 3-2-2　操作步骤(1)

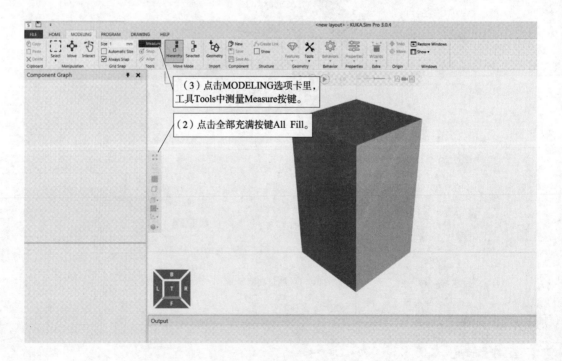

图 3-2-3　操作步骤(2)～(3)

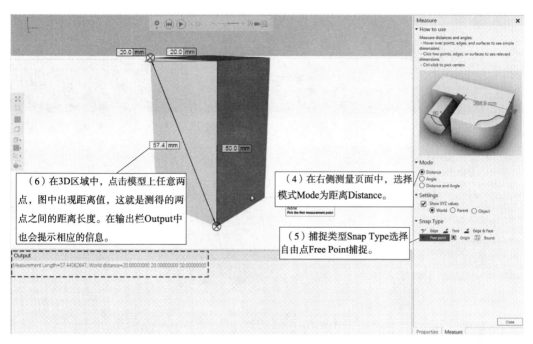

（6）在3D区域中，点击模型上任意两点，图中出现距离值，这就是测得的两点之间的距离长度。在输出栏Output中也会提示相应的信息。

（4）在右侧测量页面中，选择模式Mode为距离Distance。

（5）捕捉类型Snap Type选择自由点Free Point捕捉。

图3-2-4　操作步骤(4)～(6)

2. 测量锥体的角度

测量锥体的角度的操作步骤如图3-2-5～图3-2-9所示。

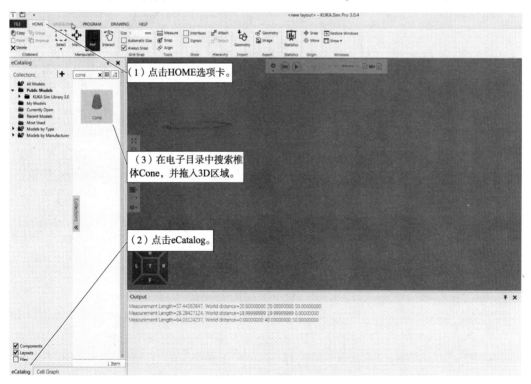

（1）点击HOME选项卡。

（3）在电子目录中搜索锥体Cone，并拖入3D区域。

（2）点击eCatalog。

图3-2-5　操作步骤(1)～(3)

图 3-2-6　操作步骤(4)～(5)

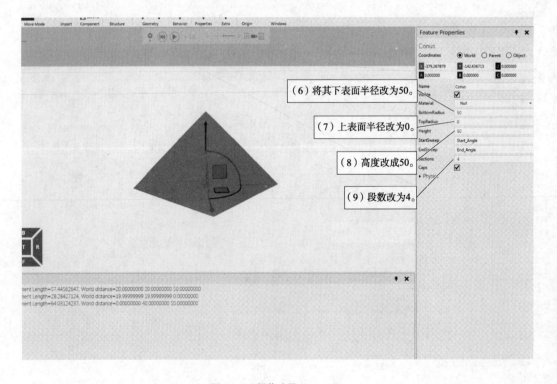

图 3-2-7　操作步骤(6)～(9)

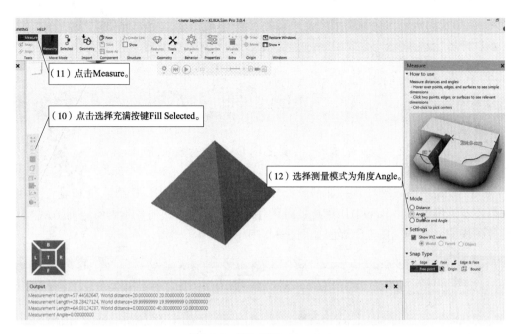

图 3-2-8　操作步骤(10)~(12)

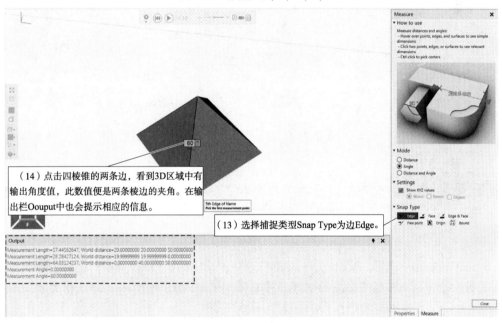

图 3-2-9　操作步骤(13)~(14)

任务三　创建机器人用工具

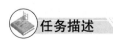 **任务描述**

使用 Sim Pro 可以创建机器人周边模型,但创建的模型精细度不高。那对于像机器人用

的工具,例如末端执行器这种精细度要求高的工具,我们又该如何处理呢?

本次任务,我们将学习创建机器人用工具,拆分工具模型和提取模型特征,并定义其链接关节和自由度。

 任务知识

1. 建模软件介绍

通常,对精细度要求较高的模型,需要使用 CAD 或者 SolidWorks 等工业建模软件先行制作,再导入到 Sim Pro 中进行处理。

AutoCAD 是一款自动计算机辅助设计软件,常用于二维绘图、详细绘制和设计文档,也能进行基本三维设计。AutoCAD 具有良好的用户界面,通过交互菜单或命令行方式便可以进行各种操作。AutoCAD 工作界面如图 3-3-1 所示。

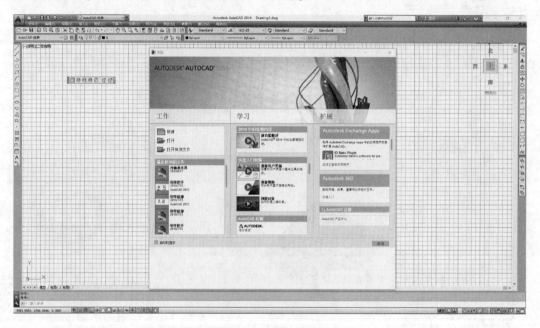

图 3-3-1　AutoCAD 工作界面

SolidWorks 是一款集二维绘图、三维建模等众多功能的软件,涉及零件设计、装配设计和工程图等多个工种。SolidWorks 的三维建模功能与 CAD 的二维绘图功能互相关联,相辅相成。SolidWorks 工作界面如图 3-3-2 所示。

2. 工具的编辑功能

(1)拆分模型和提取特征功能。

在机器人的仿真中,夹具通常用于夹取物件。因而,夹具的机械结构中,必定有移动关节。

在 KUKA. Sim Pro 中,我们导入的夹具通常是一个整体模型。整体模型的关节无法移动,也无法对其示教。因此,我们需要将模型拆分,将夹具抓手的特征提取出来(图 3-3-3),并合并相关的特征(图 3-3-4),便于以后定义夹具的运动关节。

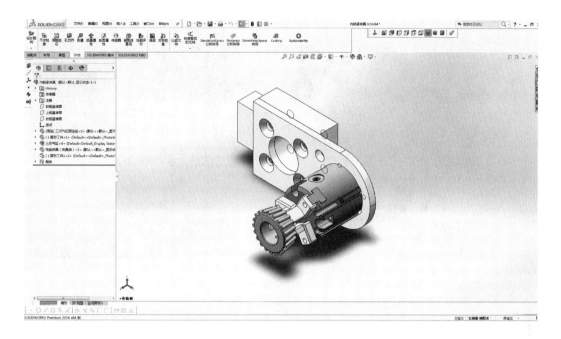

图 3-3-2　SolidWorks 工作界面

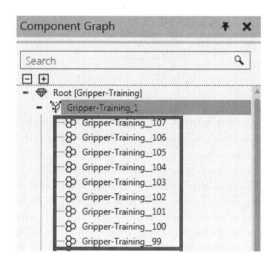

图 3-3-3　提取模型后得到的体征

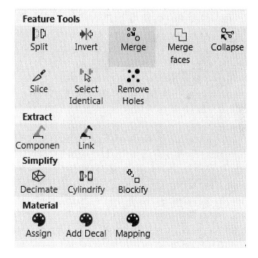

图 3-3-4　Merge 合并特征功能

（2）机器人用工具——定义链接关节和自由度。

夹具在抓取物体前,需要抓手向两侧移动一定距离(图 3-3-5)。那么,就需要定义移动的方式和方向。

不同的移动方式需要定义不同的关节类型,图 3-3-6 是关节类型 JointType 的分类,分别是:固定 Fixed、旋转 Rotational、平移 Translational、旋转从动件 Rotational Follower、平移从动件 Translational Follower 和自定义 Custom,共计 6 种。

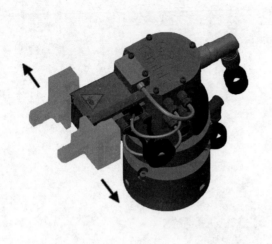

图 3-3-5　夹具抓手移动示意图　　　　　　　　　　　　　　　图 3-3-6　关节类型

任务实施

1.拆分模型和提取特征

1）导入库外模型

首先要导入需要编辑的模型,图 3-3-7 ~ 图 3-3-13 为具体的操作步骤。

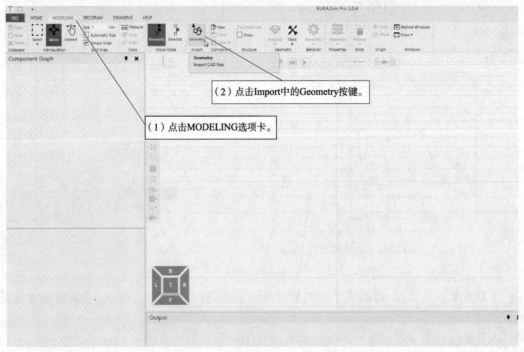

图 3-3-7　操作步骤(1) ~ (2)

图 3-3-8 操作步骤(3)

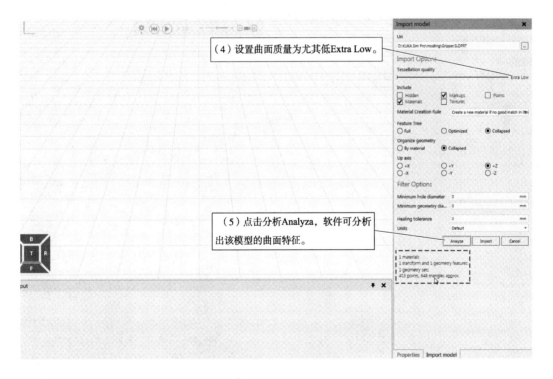

图 3-3-9 操作步骤(4)~(5)

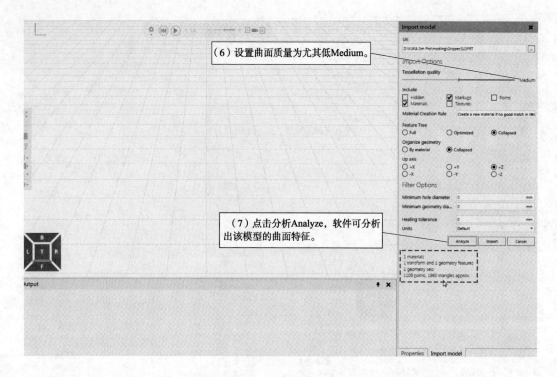

图 3-3-10   操作步骤(6)～(7)

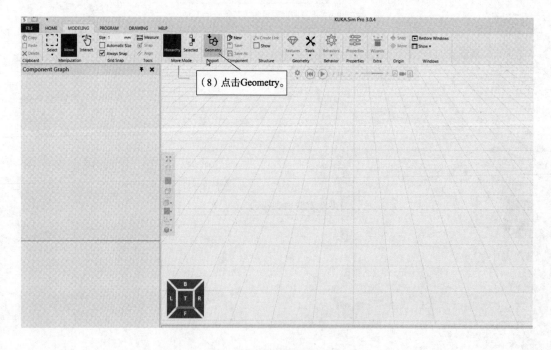

图 3-3-11   操作步骤(8)

图 3-3-12 操作步骤(9)

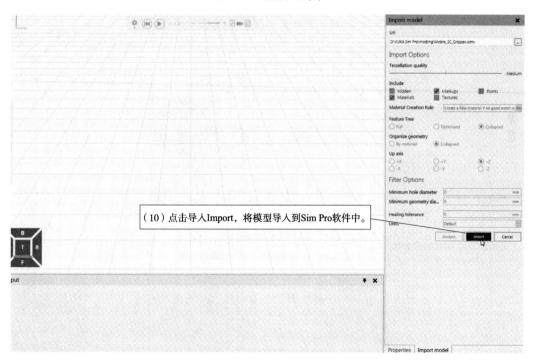

图 3-3-13 操作步骤(10)

2)拆分模型后提取特征

接下来,将模型拆分并提取模型的特征,图 3-3-14~图 3-3-21 为具体的操作步骤。

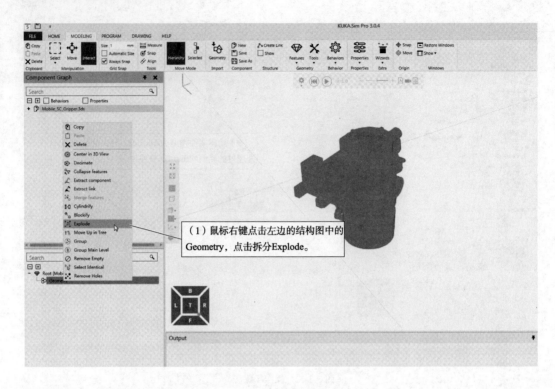

图 3-3-14　操作步骤(1)

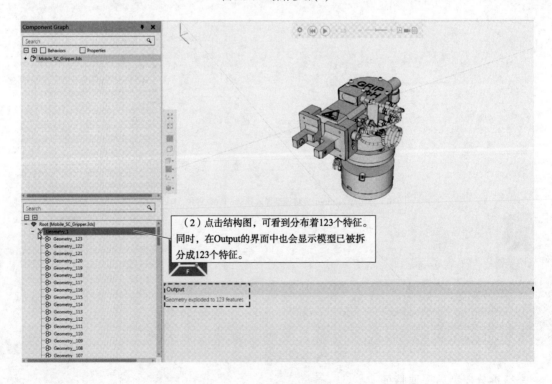

图 3-3-15　操作步骤(2)

图 3-3-16 操作步骤(3)～(4)

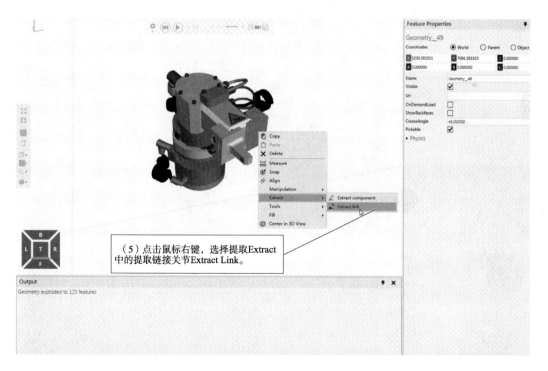

图 3-3-17 操作步骤(5)

（6）用同样的方法，选择左边抓手的机械特征。

图 3-3-18　操作步骤(6)

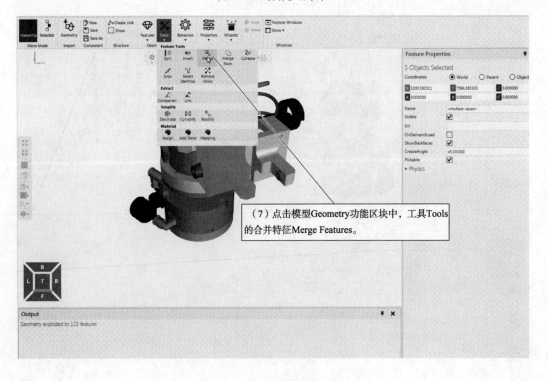

（7）点击模型Geometry功能区块中，工具Tools的合并特征Merge Features。

图 3-3-19　操作步骤(7)

（8）点击模型Geometry功能区块中，工具Tools的提取链接关节Extract Link。

图 3-3-20　操作步骤（8）

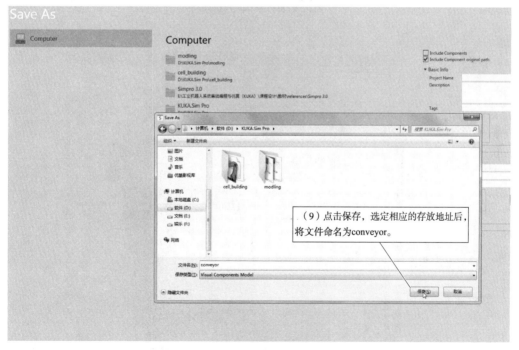

（9）点击保存，选定相应的存放地址后，将文件命名为conveyor。

图 3-3-21　操作步骤（9）

2. 定义链接关节和自由度

模型拆分并提取完毕，还需要定义其链接关节和自由度，图 3-3-22 ~ 图 3-3-33 为具体的操作步骤。

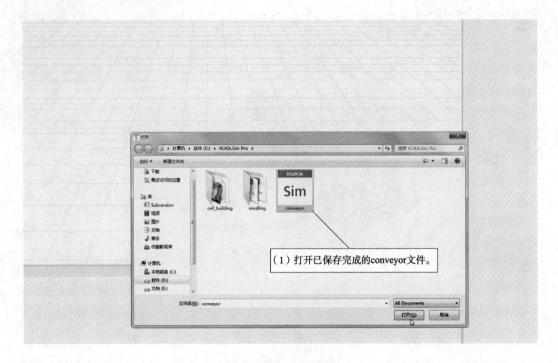

图 3-3-22　操作步骤(1)

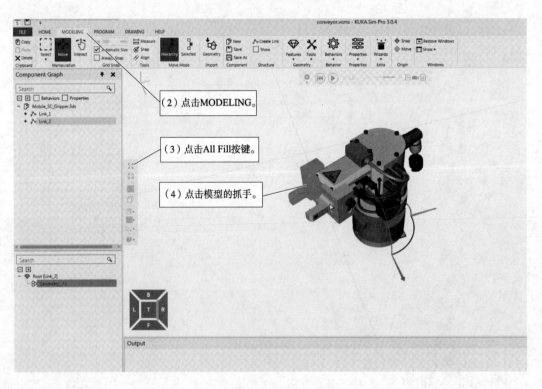

图 3-3-23　操作步骤(2)~(4)

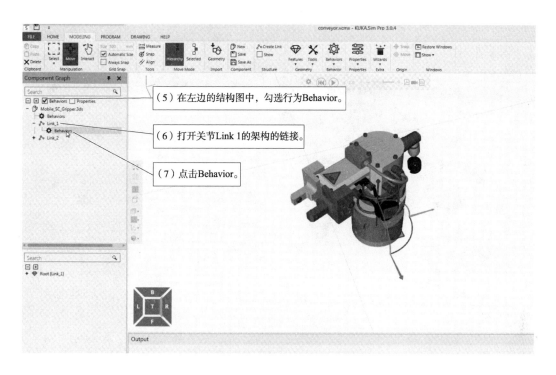

图 3-3-24　操作步骤(5)~(7)

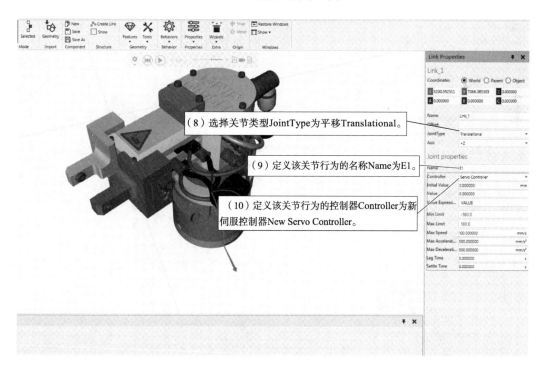

图 3-3-25　操作步骤(8)~(10)

图 3-3-26　操作步骤(11)～(12)

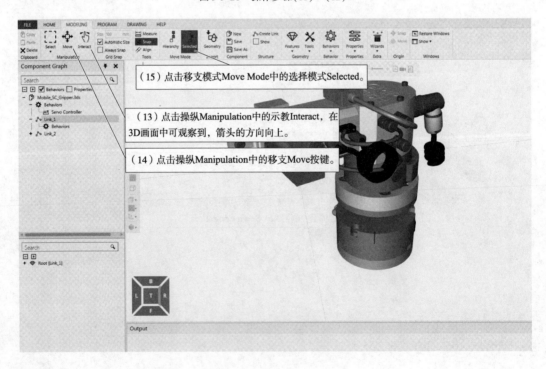

图 3-3-27　操作步骤(13)～(15)

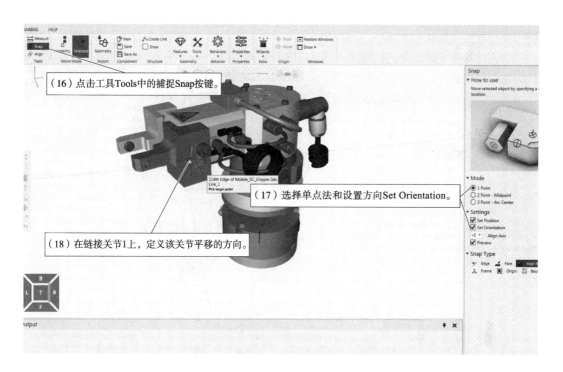

图 3-3-28　操作步骤(16) ~ (18)

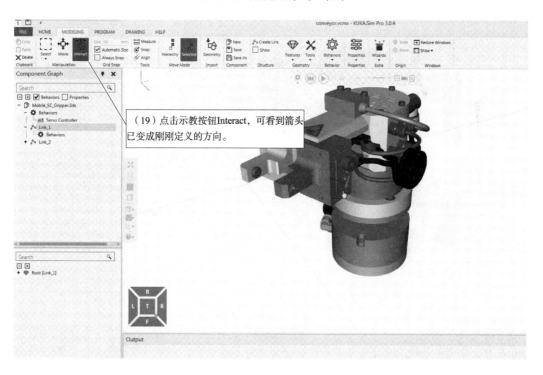

图 3-3-29　操作步骤(19)

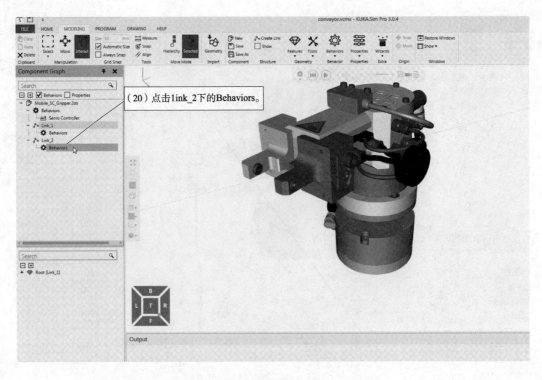

图 3-3-30　操作步骤(20)

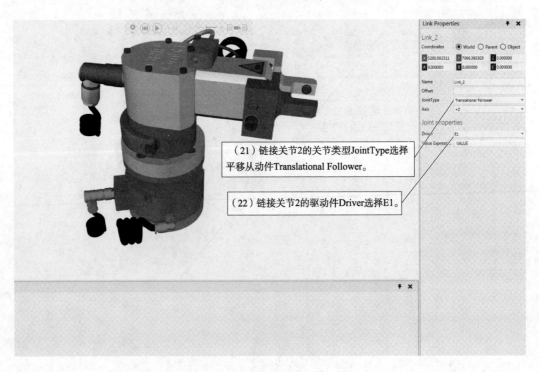

图 3-3-31　操作步骤(21) ~ (22)

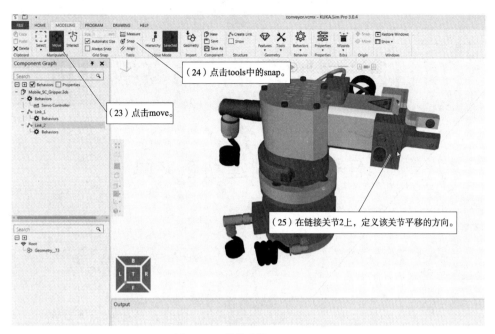

图 3-3-32 操作步骤(23)~(25)

图 3-3-33 操作步骤(26)~(27)

项 目 小 结

本项目内容主要讲述了构建离线仿真模型的一些基本操作,在本项目的学习中,学生需要掌握建模功能的使用、测量工具的使用、创建机器人用工具的方法、拆分模型和提取特征的操作。

项目四　模型组件的高级应用

任务一　创建动态夹具

任务描述

本次任务，我们将在已创建工具的基础上，学习创建动态夹具，并给夹具添加工作逻辑，实现夹具夹取动作。

任务知识

1. 夹具动态运动过程

夹具夹取动作可分解如下：机器人移动到点位 P1，夹具抓手打开；机器人运动到点位 P2，夹具抓手夹紧。两点的动作状态分别如图 4-1-1 与图 4-1-2 所示。

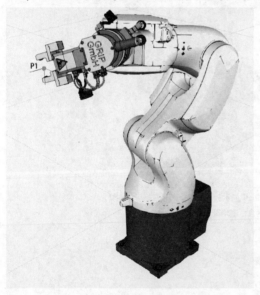
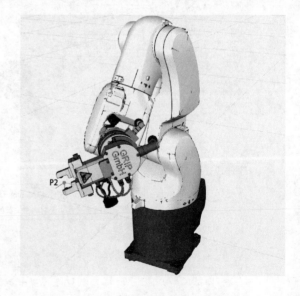

图 4-1-1　机器人在点位 P1 时的状态　　　　　　图 4-1-2　机器人在点位 P2 时的状态

要让夹具在特定点位时执行不同的动作，就需要给夹具添加工作逻辑。

2. 夹具的工作逻辑属性

在 KUKA sim Pro 3.0 中，在 IO 信号控制模式下给夹具添加工作逻辑，需要定义 IO 信号的有：关节动作 E1_ActionSignal、关节开启状态 E1_OpenState 和关节关闭状态 E1_ClosedState。表 4-1-1 为其工作逻辑的相关属性。

工作逻辑属性

表 4-1-1

图　　例	功　　能	说　　明
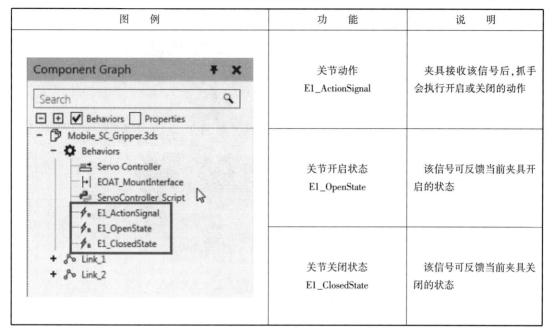	关节动作 E1_ActionSignal	夹具接收该信号后,抓手会执行开启或关闭的动作
	关节开启状态 E1_OpenState	该信号可反馈当前夹具开启的状态
	关节关闭状态 E1_ClosedState	该信号可反馈当前夹具关闭的状态

任务实施

接下来,我们以添加 EOAT 夹具工作逻辑为例,学习创建动态夹具的相关知识。

1. 设置 IO 信号控制模式并安装夹具

首先要设置 IO 信号控制模式并安装夹具,图 4-1-3 ~ 图 4-1-8 为其具体的操作步骤。

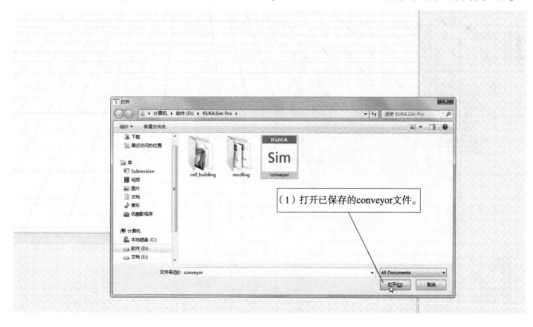

（1）打开已保存的conveyor文件。

图 4-1-3　操作步骤(1)

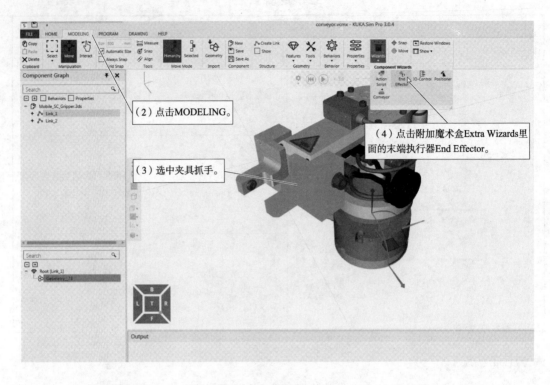

图 4-1-4　操作步骤(2)~(4)

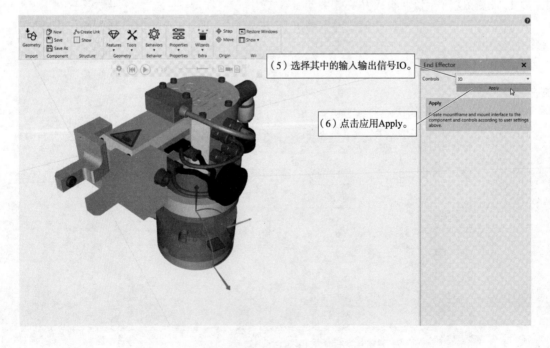

图 4-1-5　操作步骤(5)~(6)

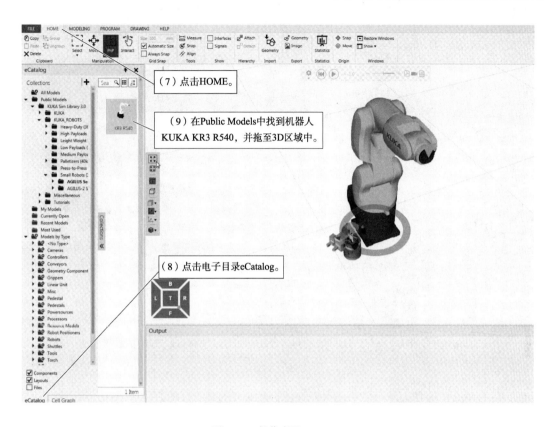

图 4-1-6　操作步骤(7)～(9)

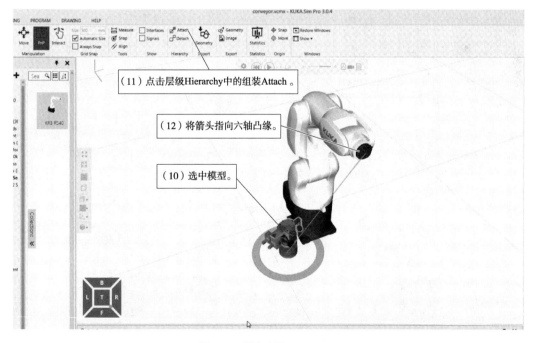

图 4-1-7　操作步骤(10)～(12)

（13）点击工具Tools中的捕捉Snap按键。

（15）点击保存。

（14）将夹具组装到机器人的A6轴上。

图 4-1-8　操作步骤(13)~(15)

2. 设置工具坐标系

然后,设置工具坐标系,图 4-1-9~图 4-1-11 为其具体的操作步骤。

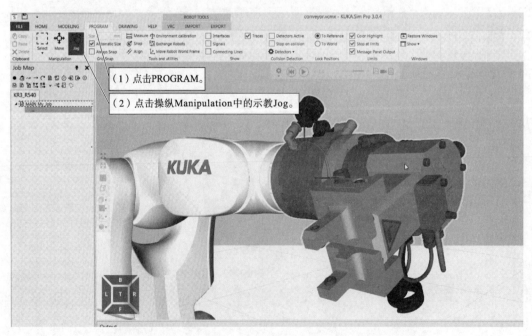

（1）点击PROGRAM。

（2）点击操纵Manipulation中的示教Jog。

图 4-1-9　操作步骤(1)~(2)

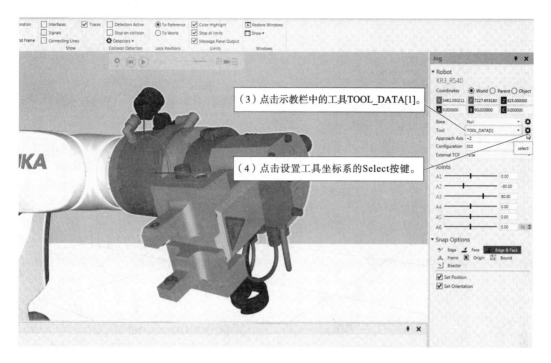

图4-1-10 操作步骤(3) ~ (4)

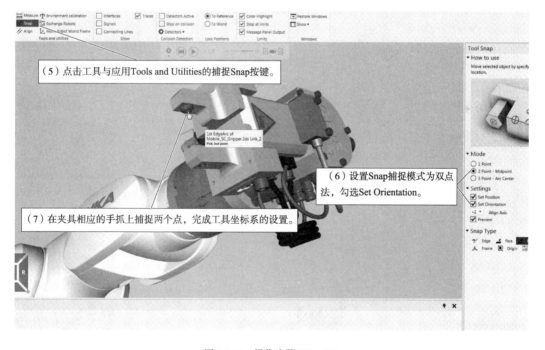

图4-1-11 操作步骤(5) ~ (7)

3.定义夹具与机器人之间的传输信号

接下来,要定义夹具与机器人之间的传输信号,图4-1-12 ~ 图4-1-16 为其具体的操作步骤。

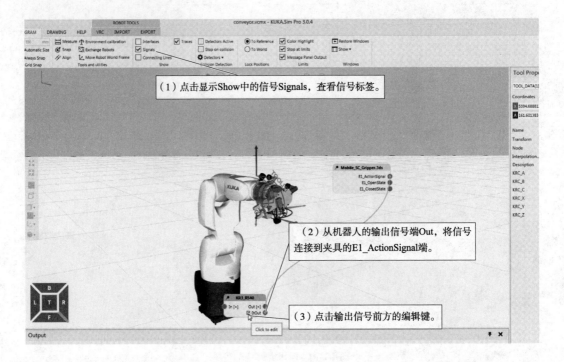

图 4-1-12　操作步骤(1)~(3)

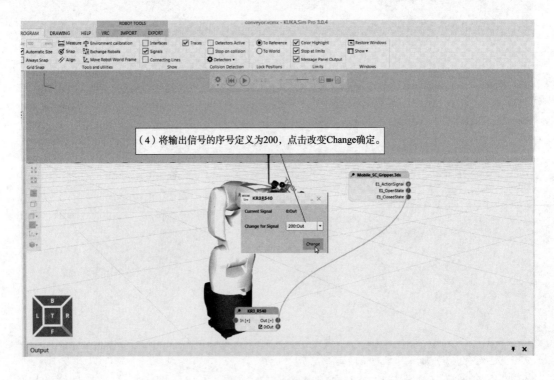

图 4-1-13　操作步骤(4)

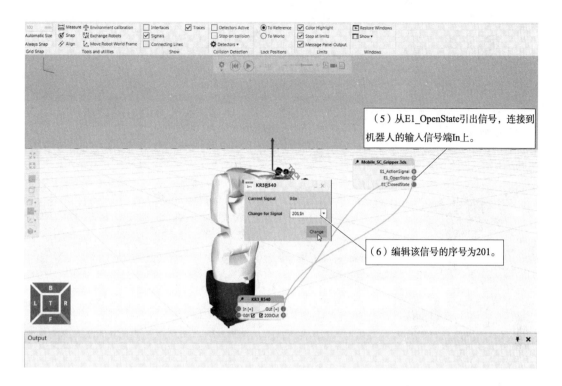

图 4-1-14 操作步骤（5）~（6）

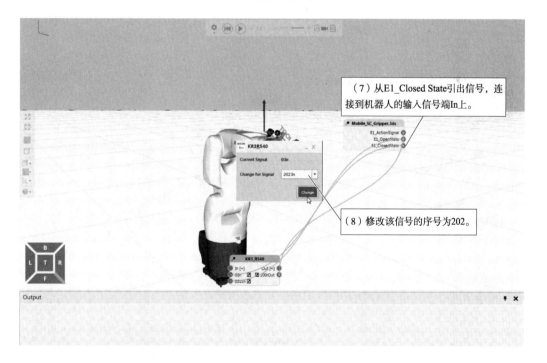

图 4-1-15 操作步骤（7）~（8）

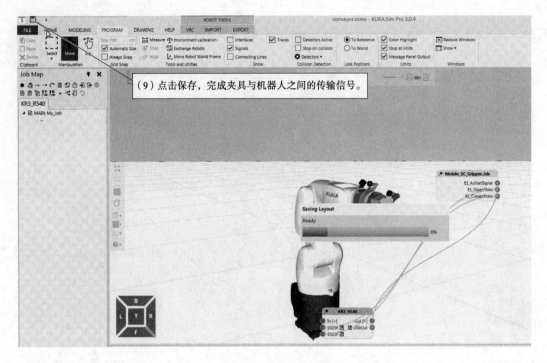

图4-1-16　操作步骤(9)

4. 夹具的移动及抓取动作

最后,完成夹具的移动及抓取动作,图4-1-17～图4-1-28为其具体的操作步骤。

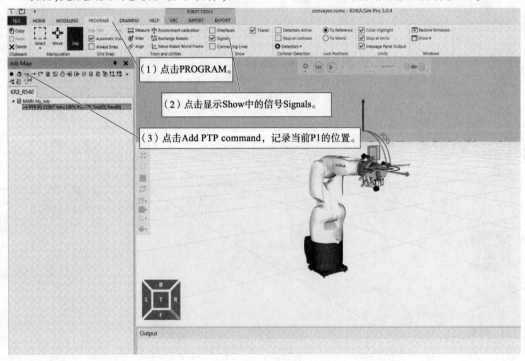

图4-1-17　操作步骤(1)～(3)

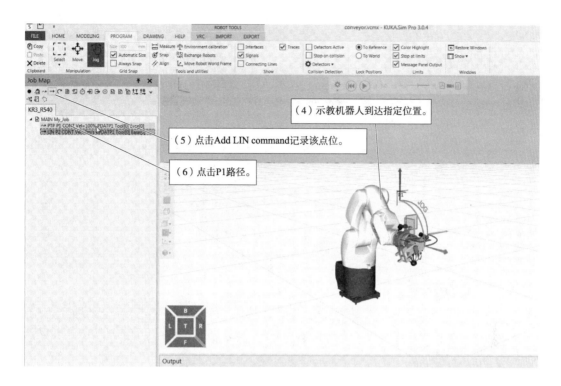

图 4-1-18 操作步骤(4)～(6)

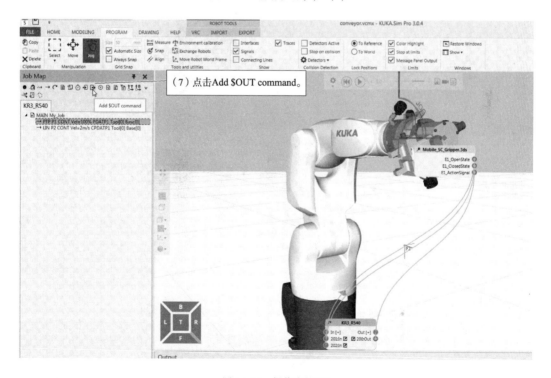

图 4-1-19 操作步骤(7)

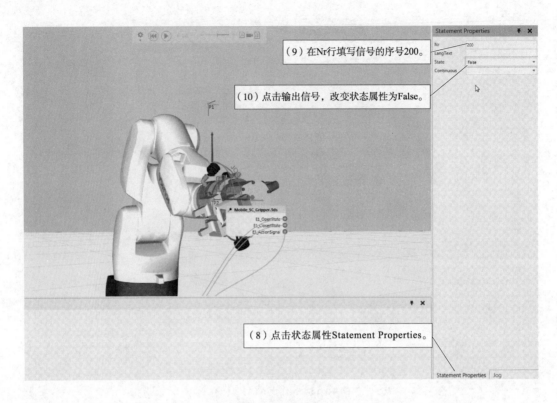

图 4-1-20 操作步骤(8)~(10)

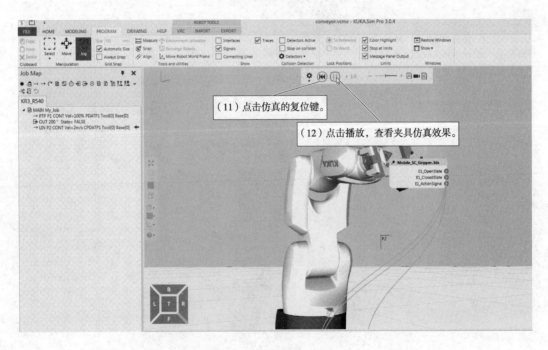

图 4-1-21 操作步骤(11)~(12)

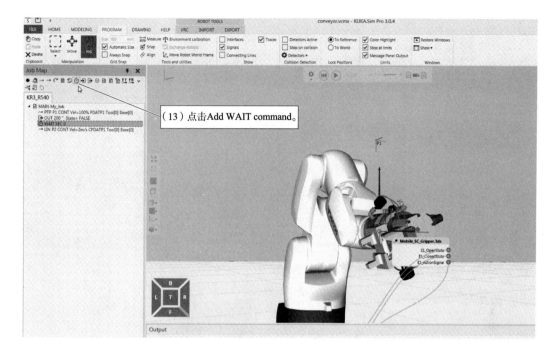

图 4-1-22　操作步骤(13)

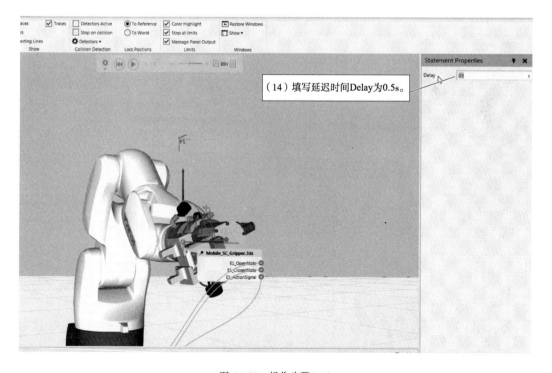

图 4-1-23　操作步骤(14)

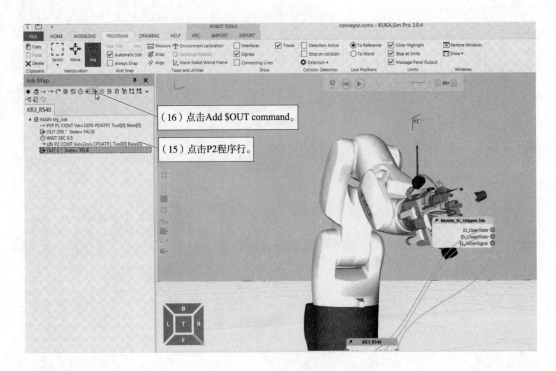

图 4-1-24　操作步骤（15）~（16）

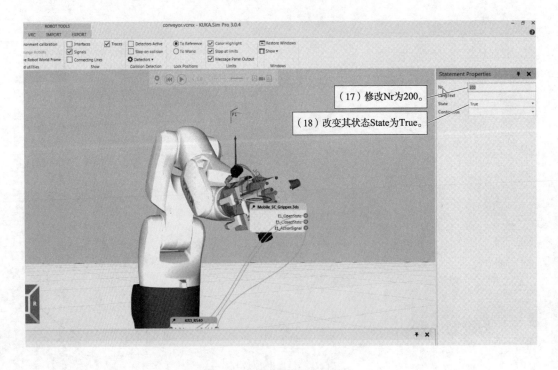

图 4-1-25　操作步骤（17）~（18）

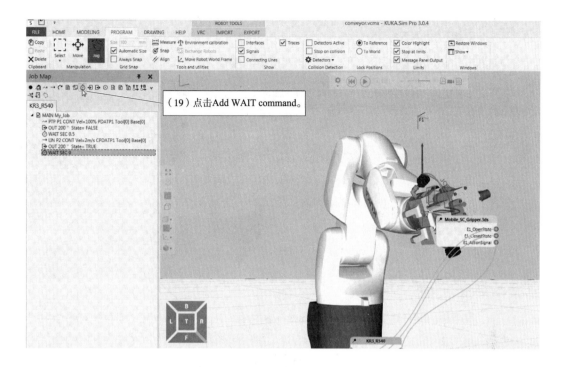

图 4-1-26 操作步骤(19)

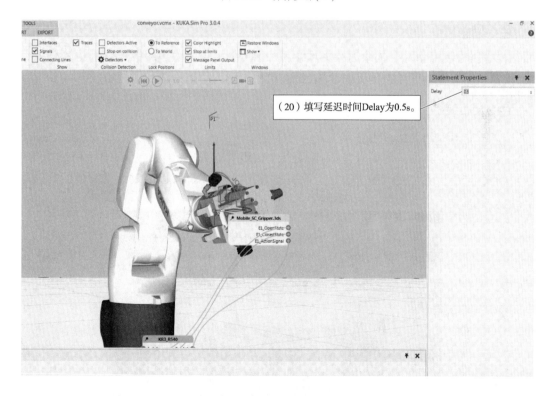

图 4-1-27 操作步骤(20)

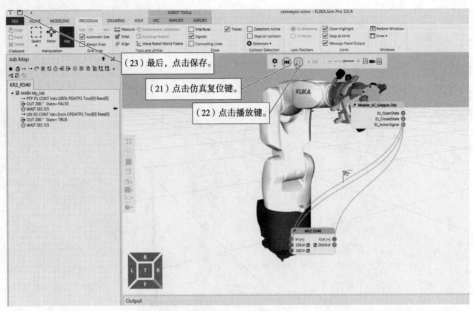

图 4-1-28 操作步骤(21)~(23)

任务二 创建机械装置

任务描述

上次任务,我们学习了创建动态夹具并添加 EOAT 夹具工作逻辑的操作。这次任务,我们将模拟机器人在输送线中的工作场景,搭建机械装置——输送链和送料机。

任务知识

1.工业机器人的典型应用场景

工业机器人的典型应用场景包括:输送线上的组装或采集(例如包装、码垛和 SMT 等)、焊接、刷漆、产品检测和测试等。依靠工业机器人,这些工作都可以高效性、持久性和准确性地完成。典型应用场景如图 4-2-1~图 4-2-3 所示。

图 4-2-1 码垛输送线

图 4-2-2　焊接、组装输送线

图 4-2-3　汽车刷漆工作站

2. 输送线物流自动化系统

输送线自动化系统主要由自动化输送线、机器人系统、自动化立体仓储供料系统、全线主控制系统、条码数据采集系统、产品自动化测试系统、生产线管理系统组成(图 4-2-4)。

a)

图　4-2-4

b)   c)

图 4-2-4　输送线物流自动化系统

其中,自动化物流输送线的作用是:将产品自动输送,并将产品工装板在各装配工位精确定位,装配完成后能使工装板自动循环;设有电动机过载保护,驱动链与输送链直接啮合,传递平稳,运行可靠。

本次任务,我们要搭建的输送链和送料机便是输送线上的一部分。

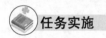任务实施

接下来,我们创建机械装置——输送链和送料机,图 4-2-5～图 4-2-18 为其具体的操作步骤。

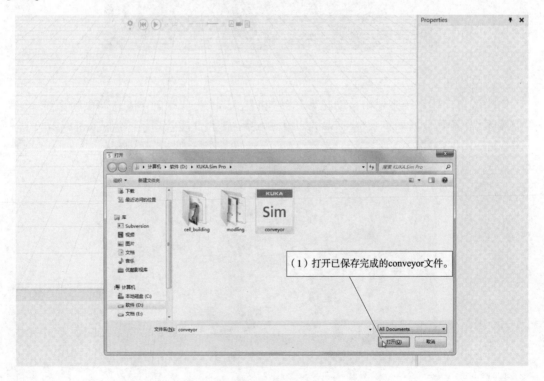

（1）打开已保存完成的conveyor文件。

图 4-2-5　操作步骤(1)

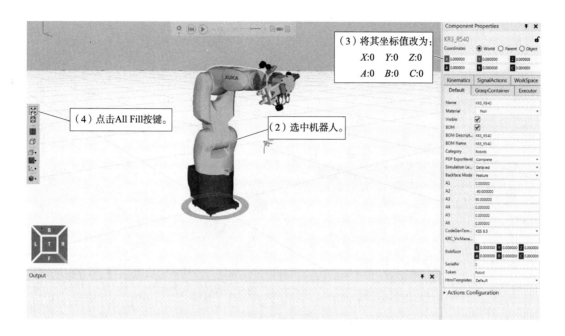

图 4-2-6 操作步骤(2)~(4)

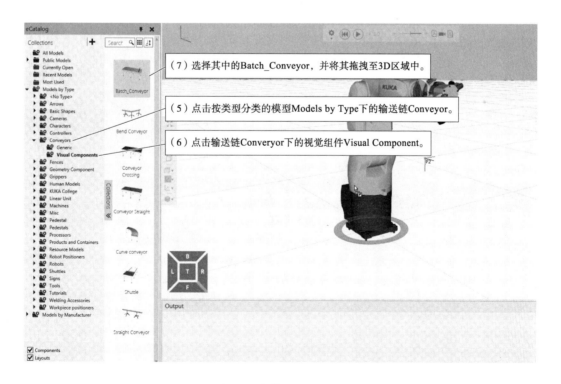

图 4-2-7 操作步骤(5)~(7)

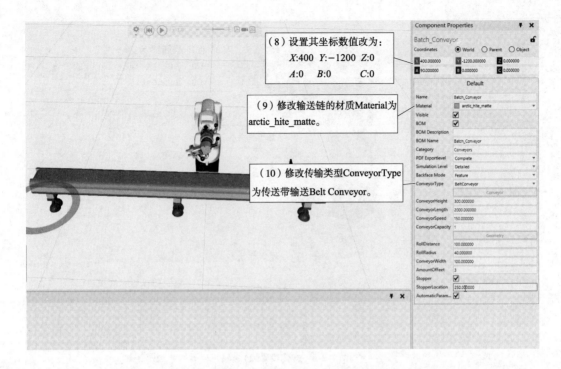

图 4-2-8　操作步骤(8)～(10)

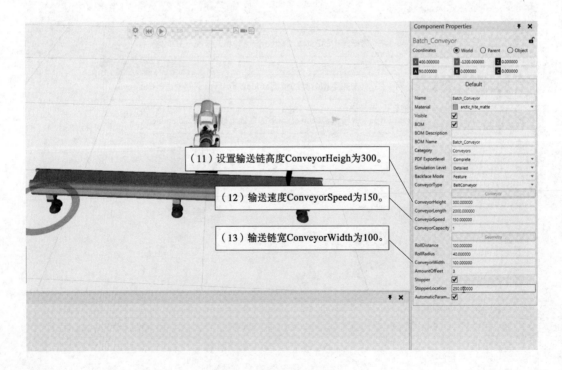

图 4-2-9　操作步骤(11)～(13)

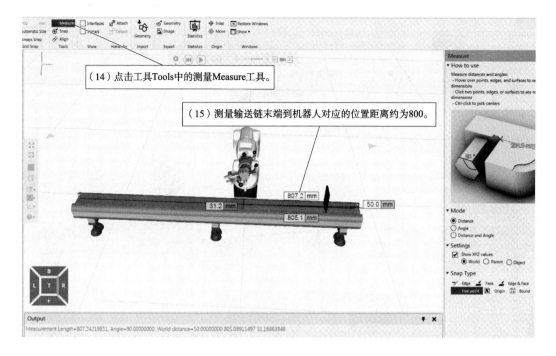

图 4-2-10　操作步骤(14)~(15)

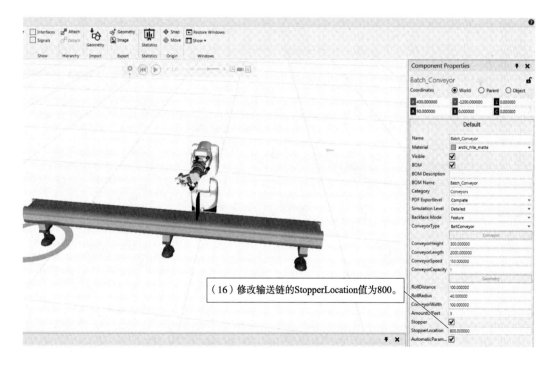

图 4-2-11　操作步骤(16)

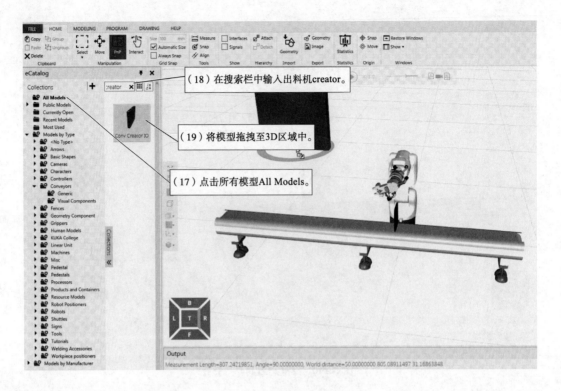

（18）在搜索栏中输入出料机creator。

（19）将模型拖拽至3D区域中。

（17）点击所有模型All Models。

图 4-2-12　操作步骤（17）~（19）

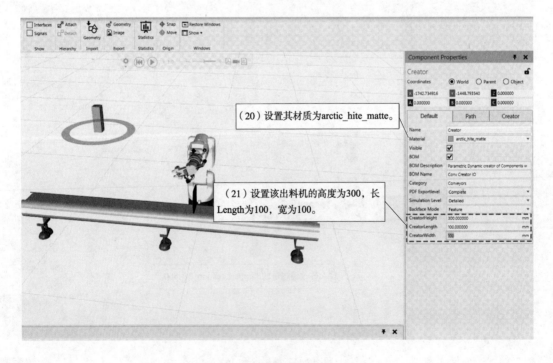

（20）设置其材质为arctic_hite_matte。

（21）设置该出料机的高度为300，长 Length为100，宽为100。

图 4-2-13　操作步骤（20）~（21）

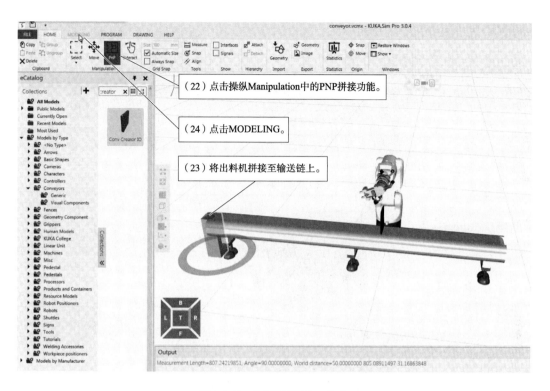

（22）点击操纵Manipulation中的PNP拼接功能。

（24）点击MODELING。

（23）将出料机拼接至输送链上。

图 4-2-14　操作步骤（22）~（24）

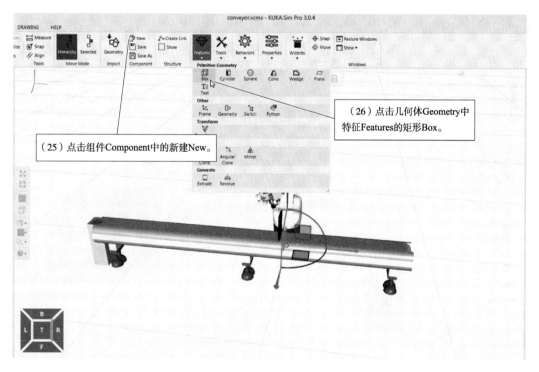

（26）点击几何体Geometry中特征Features的矩形Box。

（25）点击组件Component中的新建New。

图 4-2-15　操作步骤（25）~（26）

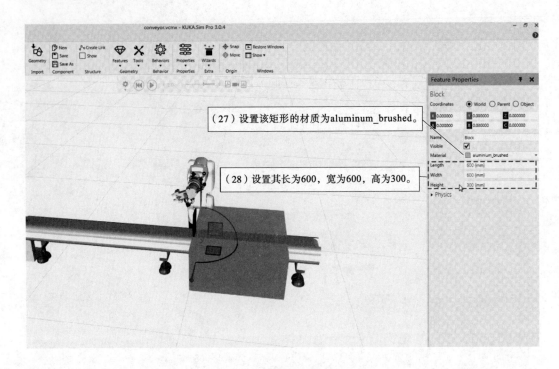

图 4-2-16　操作步骤(27)~(28)

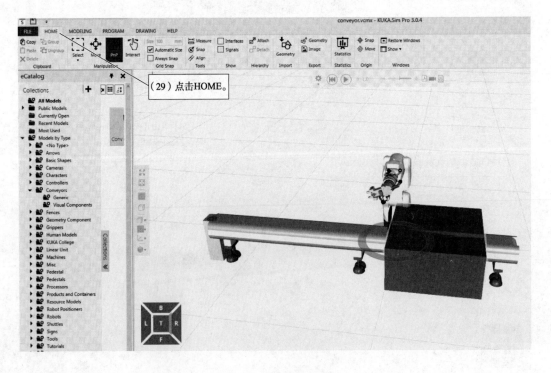

图 4-2-17　操作步骤(29)

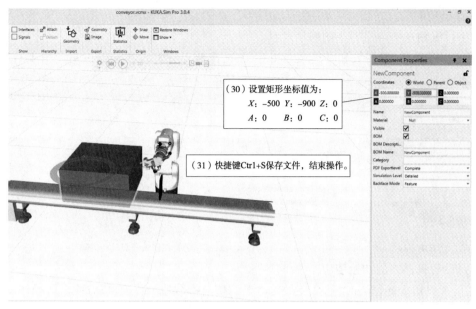

（30）设置矩形坐标值为：
X：−500 Y：−900 Z：0
A：0   B：0   C：0

（31）快捷键Ctrl+S保存文件，结束操作。

图4-2-18 操作步骤（30）～（31）

任务三 创建动态输送链

任务描述

上次任务，我们模拟了机器人在输送线中的工作场景，搭建了输送链和送料机。本次任务，我们将继续上次任务的内容，创建动态输送链，以实现立方块到达输送链的规定位置后，机器人前往规定位置，抓取该立方体的操作。

任务知识

1. 输送链与机器人之间连接信号的含义

要使输送链与机器人之间形成逻辑关系，首先需要打开机器人的信号标签，对输送链与机器人之间的信号传输进行定义。输送链信号的含义见表4-3-1。

输送链信号的含义 表4-3-1

图　例	输送链信号	信　号　说　明
	输送链启动机 Engine	信号变绿，说明输送链启动机启动
	输送链停止信号 StoppedSignal	信号变绿，说明输送链停止运作
	批次就绪信号 BatchReadySignal	信号变绿，说明物料到达指定位置待命
	传输信号 TransitionSignal	信号变绿，说明输送链运输作业正常

2. 创建动态输送链的工作流程

（1）设置输送链的物料。

理论上，输送链物料可以是任意物体，所以在仿真过程中，可以用立方块 cube（图4-3-1）

作为输送链物料。

（2）设置输送链与机器人的通信逻辑。

要使得输送链、机器人和夹具之间相互配合,需要给它们设置通信逻辑。图 4-3-2 为设置好的信号。

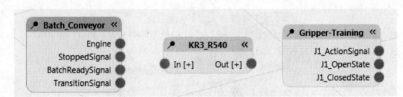

图 4-3-1　立方块 cube　　　　　　　　图 4-3-2　输送链、机器人和夹具的信号

（3）设置机器人的初始姿态。

在设置机器人的位姿时,通常在最后需要调整坐标数值为整数,以方便后续操作。

（4）示教机器人的抓取点和临近点。

调整机器人的点位时,需要更换机器人坐标系为工具坐标系,以工具坐标系为基准示教。

（5）播放仿真画面,查看运动效果。

在整个创建动态输送链的过程中,可以随时查看其运动效果,并及时进行修改。

任务实施

接下来,我们学习创建动态输送链——添加输送链工作逻辑,图 4-3-3 ~ 图 4-3-26 为其具体的操作步骤。

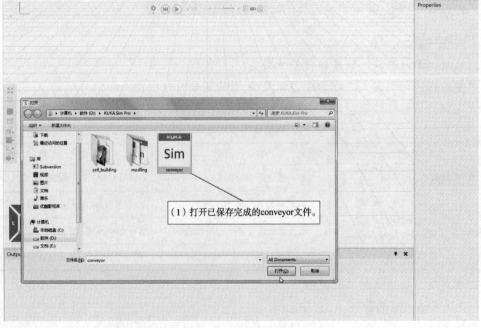

（1）打开已保存完成的 conveyor 文件。

图 4-3-3　操作步骤(1)

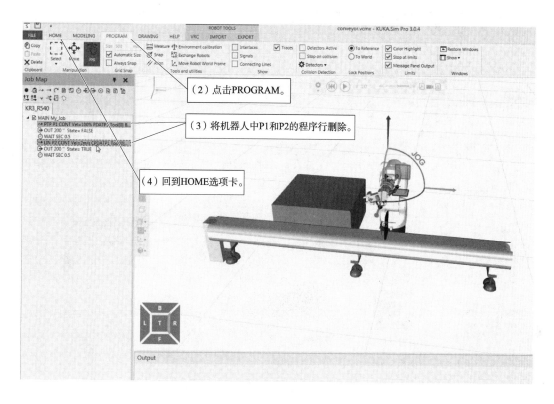

图 4-3-4　操作步骤(2)~(4)

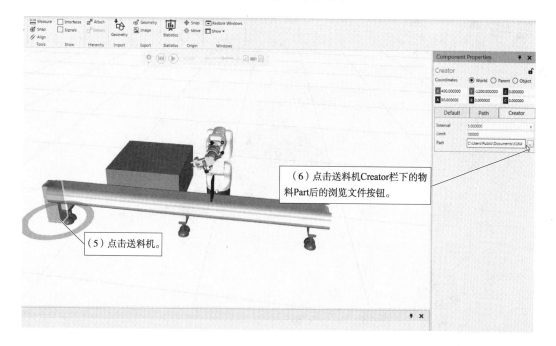

图 4-3-5　操作步骤(5)~(6)

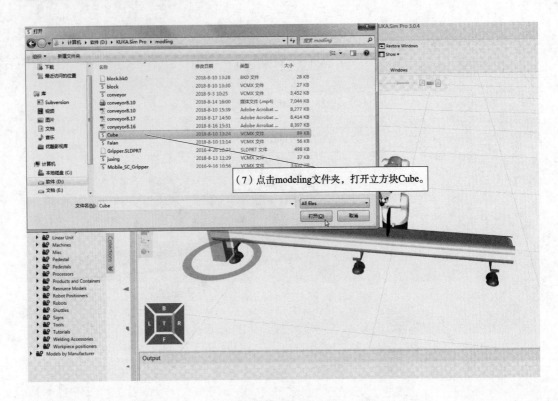

图 4-3-6　操作步骤(7)

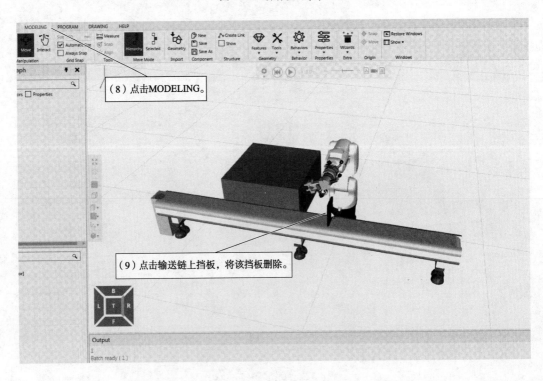

图 4-3-7　操作步骤(8)~(9)

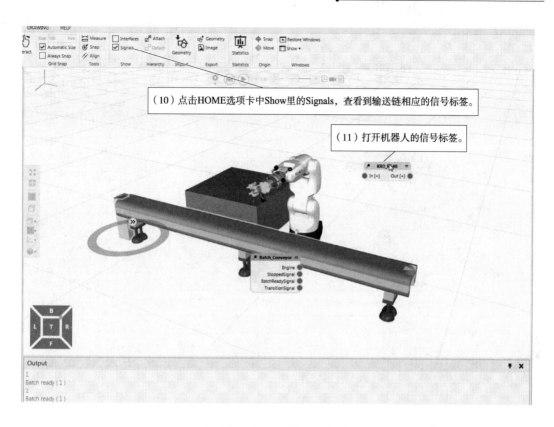

图 4-3-8 操作步骤(10)~(11)

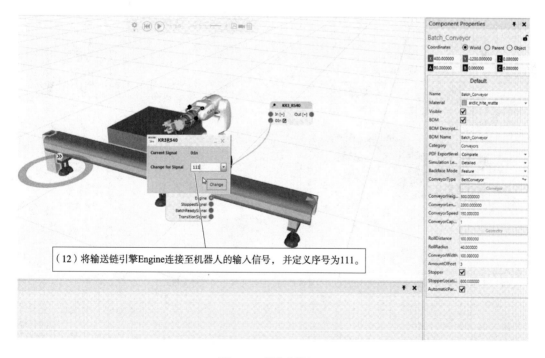

图 4-3-9 操作步骤(12)

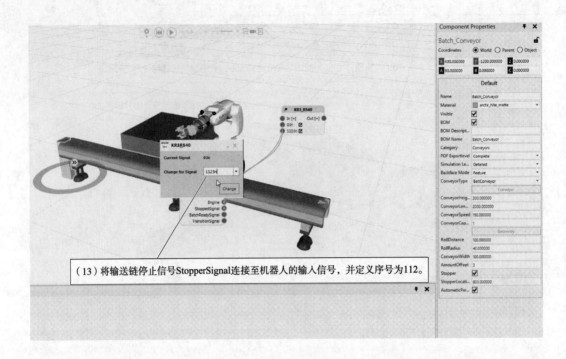

（13）将输送链停止信号StopperSignal连接至机器人的输入信号，并定义序号为112。

图 4-3-10　操作步骤(13)

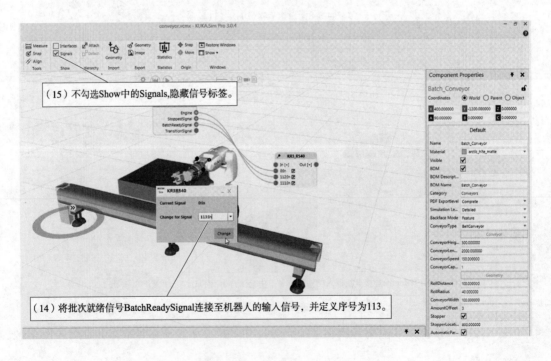

（15）不勾选Show中的Signals,隐藏信号标签。

（14）将批次就绪信号BatchReadySignal连接至机器人的输入信号，并定义序号为113。

图 4-3-11　操作步骤(14)～(15)

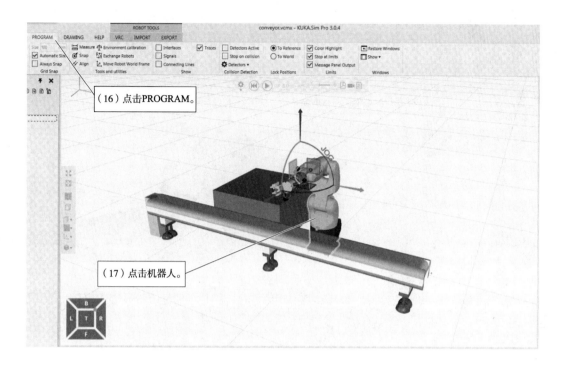

图 4-3-12 操作步骤(16)~(17)

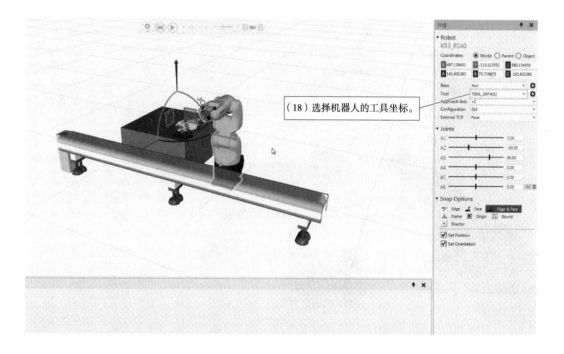

图 4-3-13 操作步骤(18)

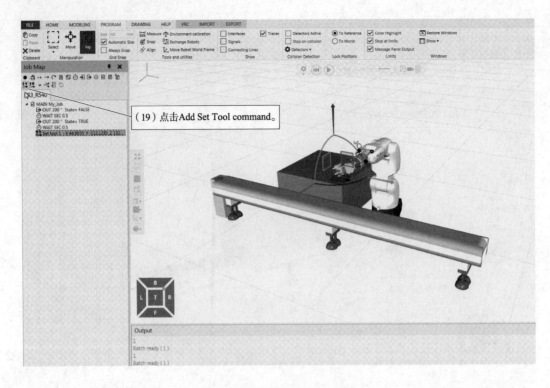

图 4-3-14　操作步骤(19)

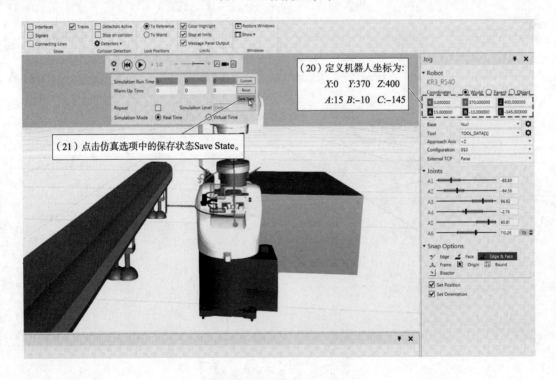

图 4-3-15　操作步骤(20)～(21)

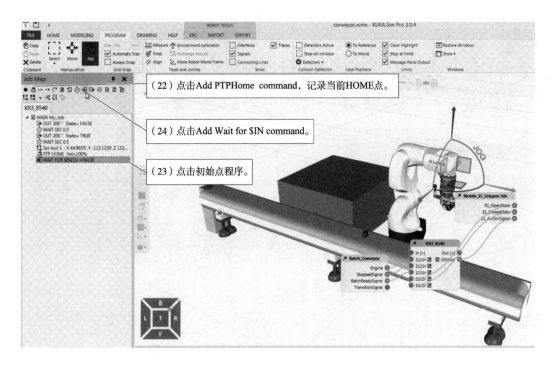

（22）点击Add PTPHome command，记录当前HOME点。

（24）点击Add Wait for $IN command。

（23）点击初始点程序。

图4-3-16 操作步骤（22）~（24）

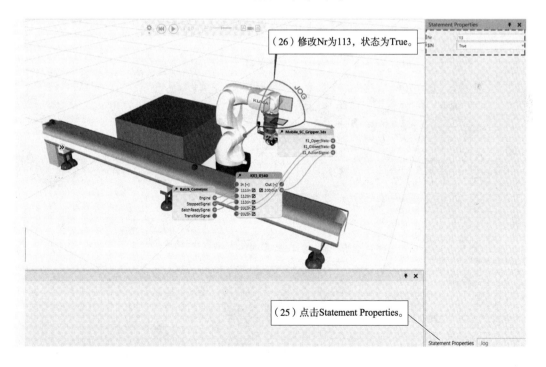

（26）修改Nr为113，状态为True。

（25）点击Statement Properties。

图4-3-17 操作步骤（25）~（26）

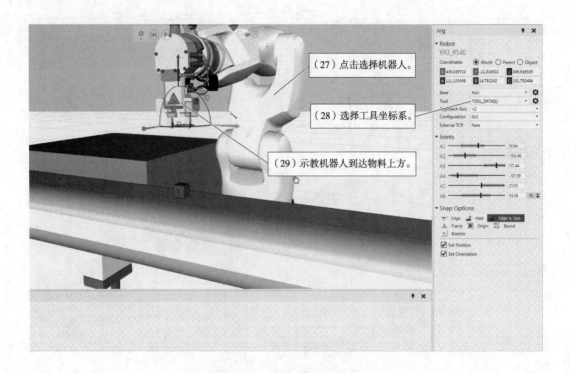

图 4-3-18　操作步骤(27)~(29)

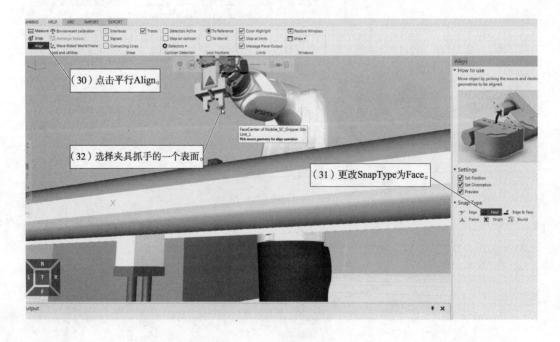

图 4-3-19　操作步骤(30)~(32)

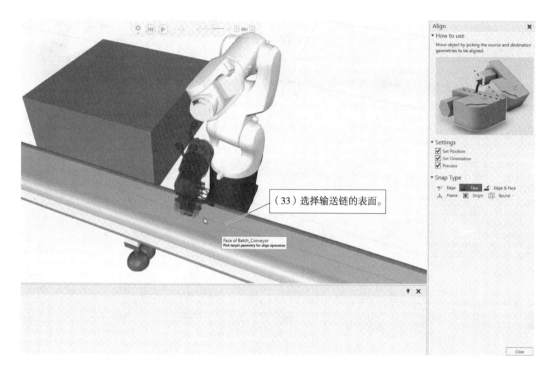

图 4-3-20　操作步骤(33)

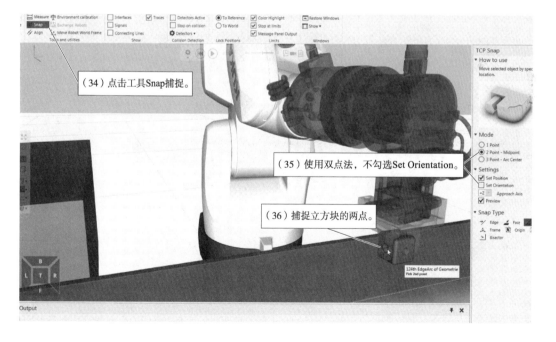

图 4-3-21　操作步骤(34)~(36)

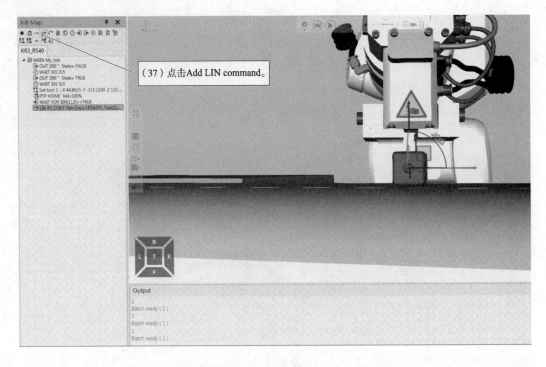

图 4-3-22　操作步骤(37)

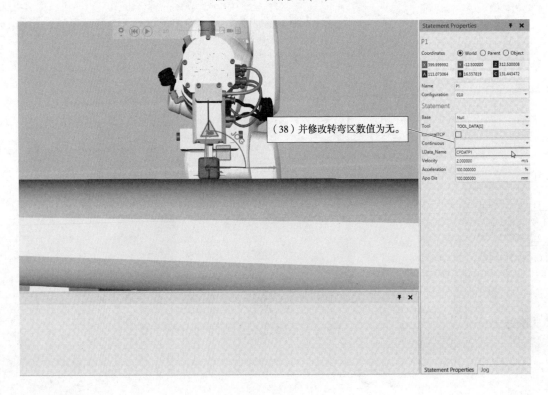

图 4-3-23　操作步骤(38)

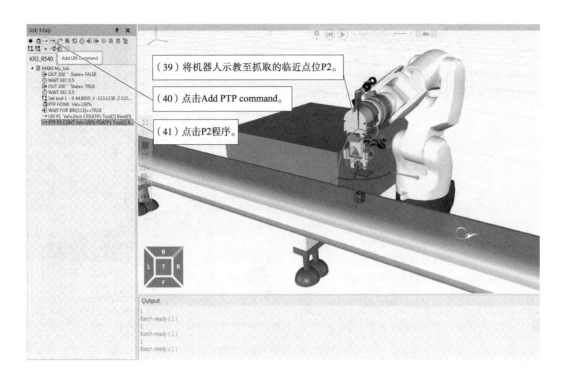

图 4-3-24 操作步骤(39)~(41)

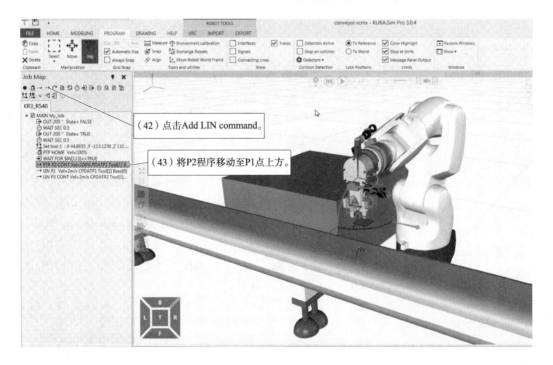

图 4-3-25 操作步骤(42)~(43)

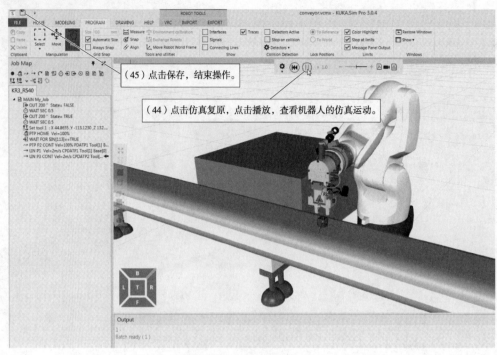

（45）点击保存，结束操作。

（44）点击仿真复原，点击播放，查看机器人的仿真运动。

图 4-3-26　操作步骤(44)～(45)

任务四　完善机器人仿真工作流程

任务描述

上次任务,我们给输送链添加了工作逻辑,然而在仿真过程中,夹具虽然关闭了,但是机器人却没能抓住立方块,说明还需要进一步完善仿真过程中各个模型之间的配合。本次任务,我们就来学习完善机器人仿真工作流程的操作。

任务知识

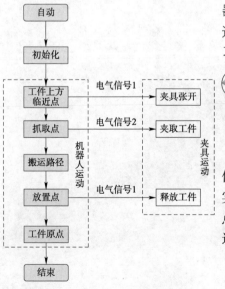

图 4-4-1　机器人运动程序流程图

1. 机器人运动工作流程

机器人运动的工作流程如图 4-4-1 所示。

在机器人作业过程中,机器人夹具会先停留在工件上方的临近点,再前往抓取点抓取相应的物体。而实际上,在示教过程中,会先设置机器人夹具的抓取点。随后,在抓取点的位姿基础上,示教抓取点的临近点。

2. 离线编程系统中机器人运动的轨迹规划

离线编程系统除了对机器人静态位置进行运动学计算外,还可以对机器人在工作空间的运动轨迹进行仿真。由于不同的机器人厂家所采用的轨迹规划算法差别很大,离线编程系统应对机器人控制柜中所采用的算法进行仿真。

机器人运动轨迹类型分为两种,具体见表4-4-1

机器人运动轨迹类型 表4-4-1

运动轨迹类型	约 束 条 件	运动轨迹类型	约 束 条 件
自由移动	仅由初始状态和目标状态定义	约束运动	受路径、运动学和动力学约束

轨迹规划器可依据已定义好的机器人初识状态和目标状态,通过轨迹规划算法,自动规划轨迹,同时其也可接收路径设定和约束条件的输入,并输出起点和终点之间按时间排列的中间形态(位置和姿态、速度、加速度)序列,计算出轨迹。

本次任务,我们将通过自由移动来定义机器人初识状态和目标状态,实现机器人的运动。

 任务实施

本次任务,我们来学习完善机器人仿真的工作流程。

在 Sim Pro 软件中,已默认定义抓取到的输出信号为1。要让机器人夹具能抓住立方块,需要在使用过程中调用该信号,才能使机器人真正抓取到工件。

1. 添加抓取信号

图 4-4-2 ~ 图 4-4-5 为添加抓取信号的具体步骤。

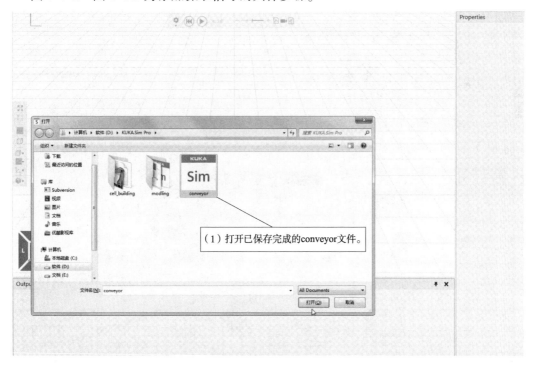

图 4-4-2　操作步骤(1)

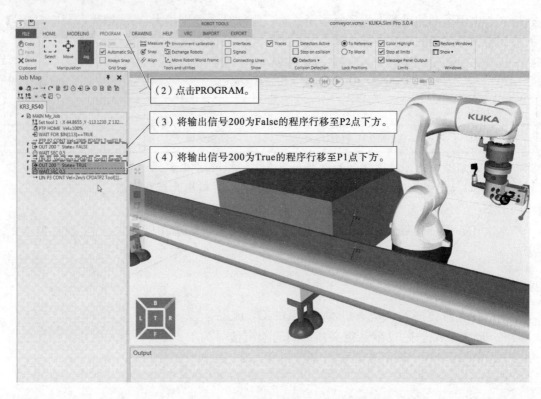

图 4-4-3　操作步骤(2)～(4)

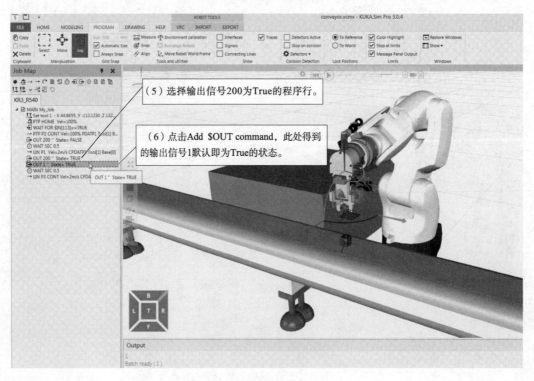

图 4-4-4　操作步骤(5)～(6)

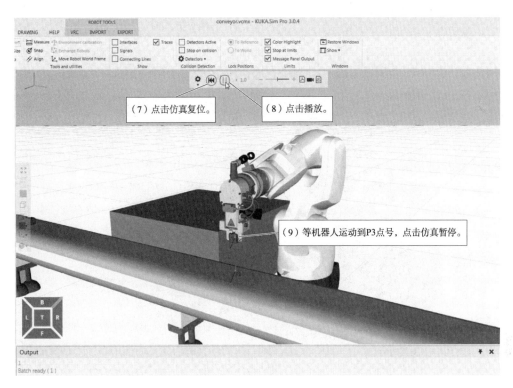

图 4-4-5 操作步骤(7)~(9)

2.编辑立方体放置指令

图 4-4-6~图 4-4-18 为编辑立方体放置指令的具体步骤。

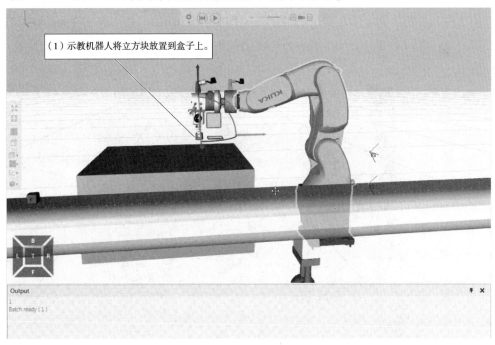

图 4-4-6 操作步骤(1)

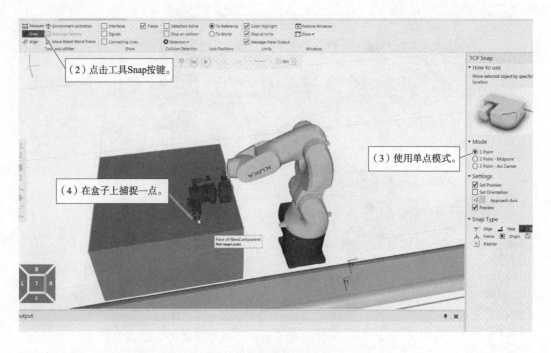

图 4-4-7　操作步骤(2)~(4)

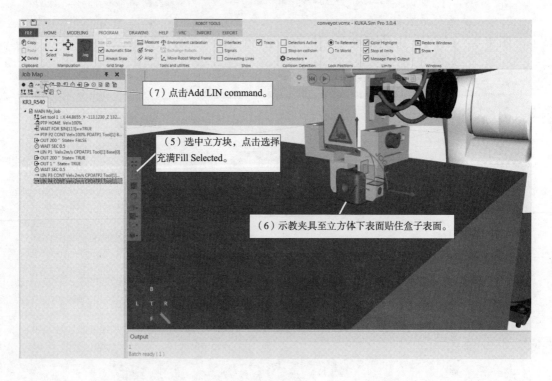

图 4-4-8　操作步骤(5)~(7)

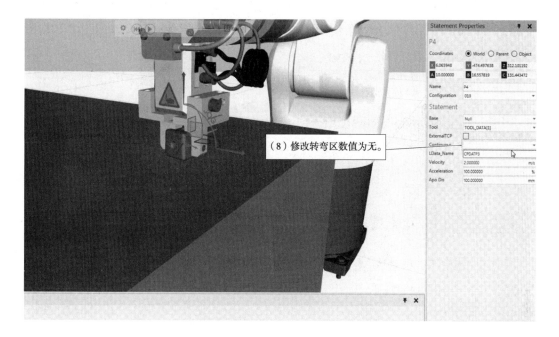

（8）修改转弯区数值为无。

图 4-4-9 操作步骤(8)

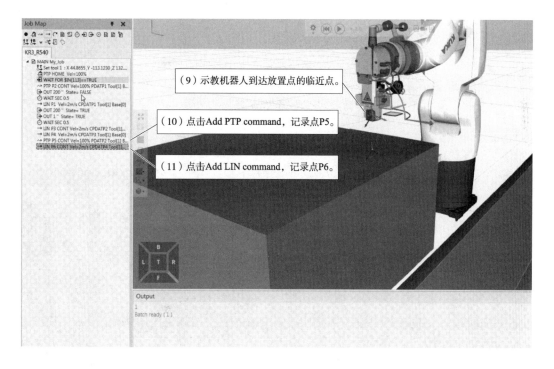

（9）示教机器人到达放置点的临近点。

（10）点击Add PTP command，记录点P5。

（11）点击Add LIN command，记录点P6。

图 4-4-10 操作步骤(9)~(11)

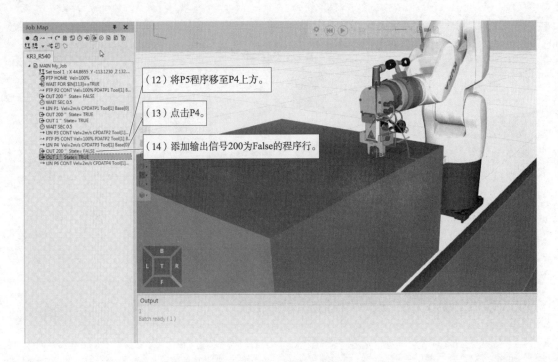

图 4-4-11 操作步骤(12)~(14)

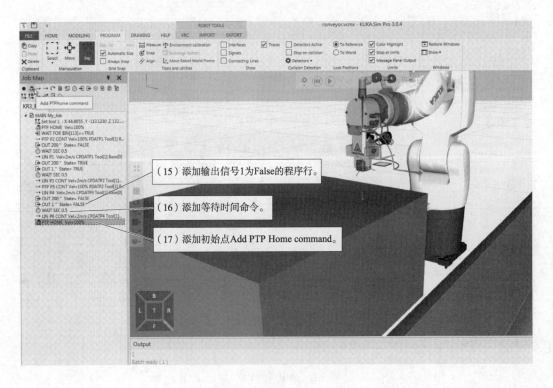

图 4-4-12 操作步骤(15)~(17)

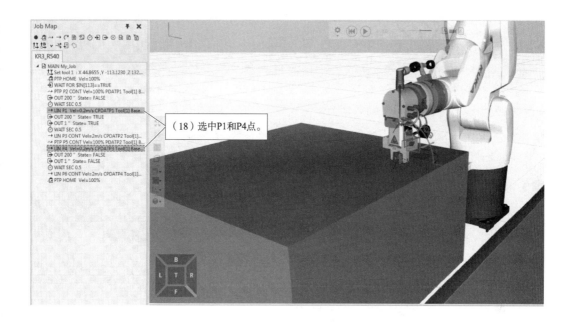

图 4-4-13　操作步骤(18)

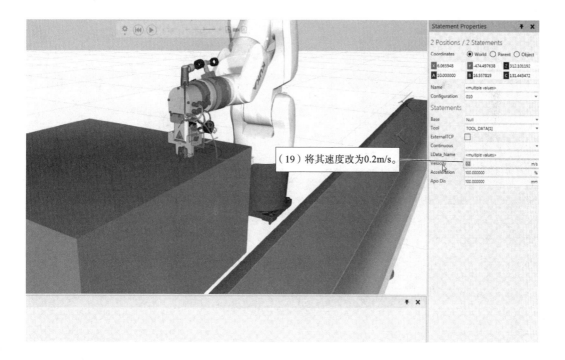

图 4-4-14　操作步骤(19)

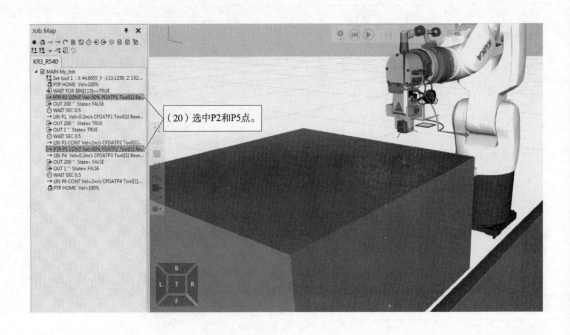

图 4-4-15　操作步骤(20)

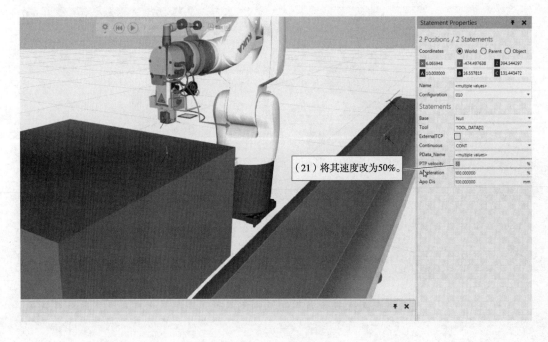

图 4-4-16　操作步骤(21)

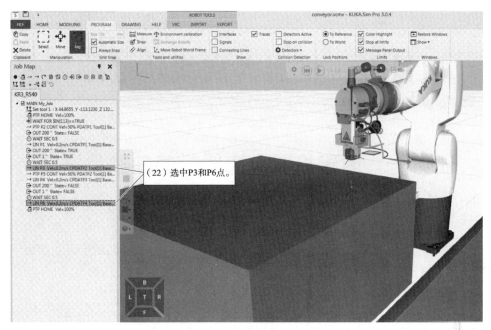

图 4-4-17　操作步骤(22)

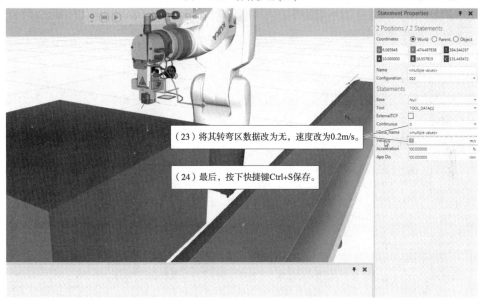

图 4-4-18　操作步骤(23)~(24)

有兴趣的同学可以做一做机器人多次搬运立方块的仿真,操作步骤是类似的。

项目小结

本项目内容主要讲述了 KUKA 工业机器人离线仿真软件模型组件的一些高级应用,在本项目的学习中,学生需要掌握创建动态夹具的方法、创建机械装置的方法、创建动态输送链的方法、完善机器人仿真工作流程的操作。

项目五　机器人离线轨迹编程

任务一　创建机器人离线轨迹曲线及路径

任务描述

在本项目中,我们将了解关于机器人离线轨迹编程的内容。首先,我们来了解创建机器人离线轨迹曲线及路径的操作。

任务知识

创建机器人离线轨迹曲线及路径的操作可以分为两个步骤,一是设置信号与坐标数据,二是创建机器人离线轨迹曲线及路径。

1. 设置信号与坐标数据

(1)设置信号。

在创建路径前,需要先添加输出信号,设置夹具夹取笔的操作,并添加 0.5s 的等待时间,保证夹具动作完整发生,并且使得夹取操作更真实、流畅。图 5-1-1 与图 5-1-2 为添加指令前后的程序示例。

图 5-1-1　添加指令前的程序行

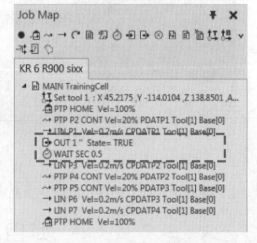

图 5-1-2　添加指令后的程序行

(2)设置坐标数据——定义工具坐标系。

机器人是通过夹具上夹取的笔来绘制图形,因此需要把工具坐标系从夹具上移动到笔尖上。图 5-1-3 与图 5-1-4 为工具 TCP 移动前后的位置示例。

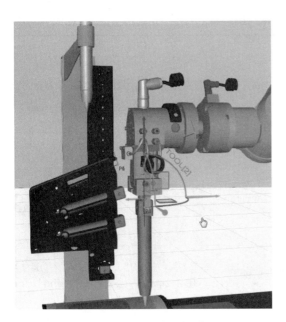

图5-1-3　工具TCP移动前的位置

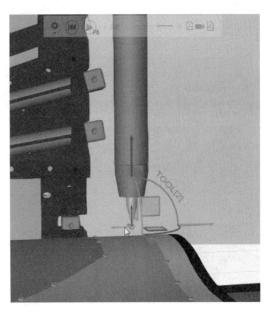

图5-1-4　工具TCP移动后的位置

2.创建机器人离线轨迹曲线及路径

（1）识别路径。

添加路径后,在图5-1-5中的曲线上的黑点即为机器人将要运行的轨迹。按住Shift键,可确定组合多条路径曲线的起点或终点。

图5-1-5　黑色点位组成的轨迹

（2）设置路径属性。

识别完路径后,需要在界面右侧的路径属性栏（Select Curve）中,设置该路径相应的属性。路径属性见表5-1-1。

路 径 属 性 表 5-1-1

图 例	功 能	说 明
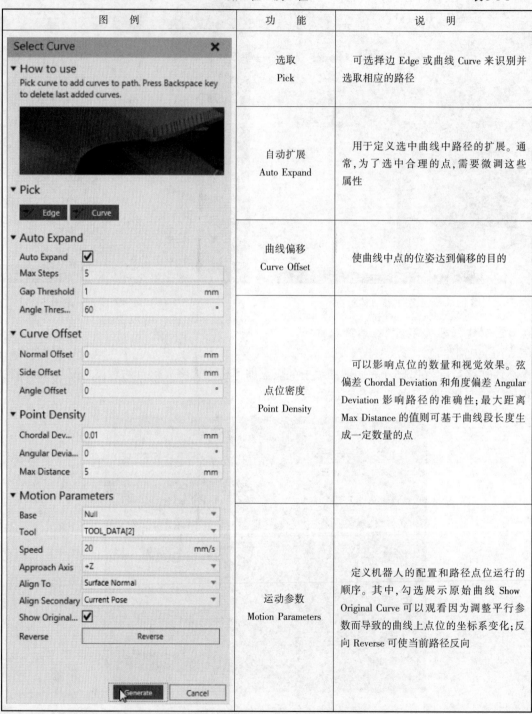	选取 Pick	可选择边 Edge 或曲线 Curve 来识别并选取相应的路径
	自动扩展 Auto Expand	用于定义选中曲线中路径的扩展。通常,为了选中合理的点,需要微调这些属性
	曲线偏移 Curve Offset	使曲线中点的位姿达到偏移的目的
	点位密度 Point Density	可以影响点位的数量和视觉效果。弦偏差 Chordal Deviation 和角度偏差 Angular Deviation 影响路径的准确性;最大距离 Max Distance 的值则可基于曲线段长度生成一定数量的点
	运动参数 Motion Parameters	定义机器人的配置和路径点位运行的顺序。其中,勾选展示原始曲线 Show Original Curve 可以观看因为调整平行参数而导致的曲线上点位的坐标系变化;反向 Reverse 可使当前路径反向

（3）生成指令程序行。

参数设置好后,即可生成组成运行轨迹的各点位的指令程序行(图 5-1-6)。至此,创建离线轨迹曲线及路径的操作完成,可进行仿真,查看运动效果。

图 5-1-6　路径点位的指令程序行

任务实施

创建机器人离线轨迹曲线及路径的方法如下。

1. 设置信号与坐标数据

首先,要设置信号与坐标数据,图 5-1-7~图 5-1-14 为其具体的操作步骤。

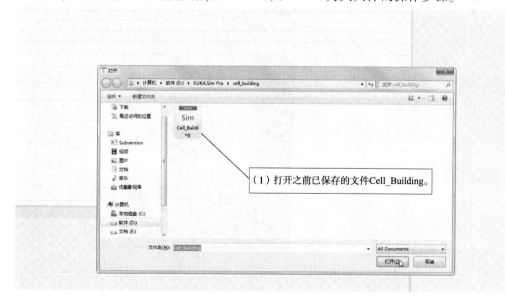

图 5-1-7　操作步骤(1)

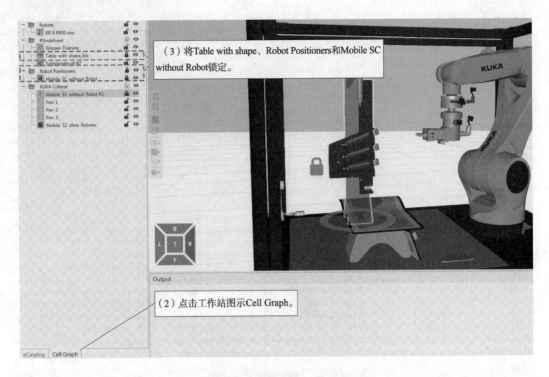

图 5-1-8　操作步骤(2)~(3)

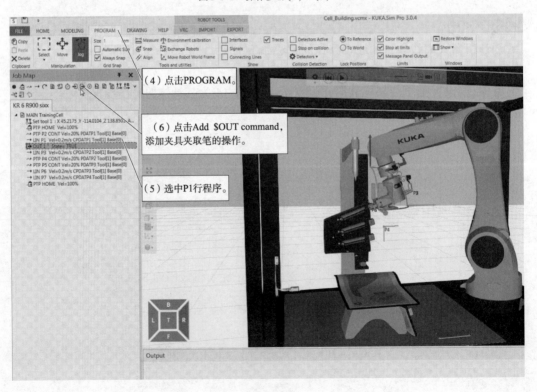

图 5-1-9　操作步骤(4)~(6)

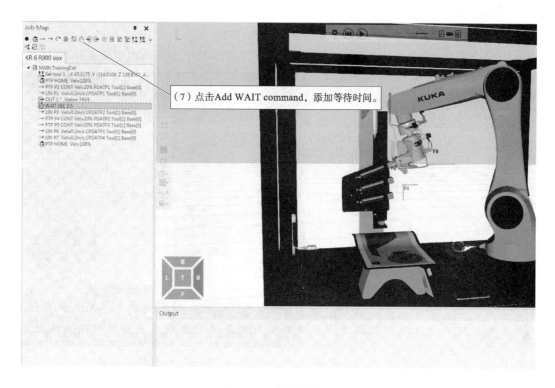

图 5-1-10　操作步骤(7)

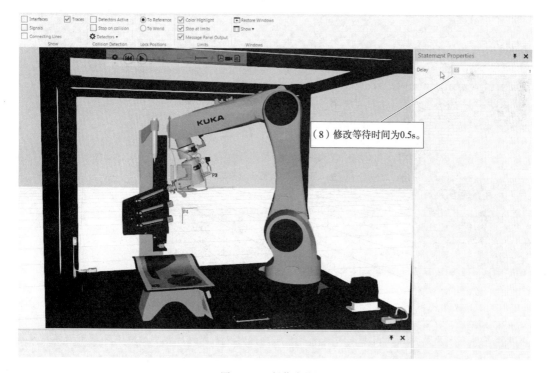

图 5-1-11　操作步骤(8)

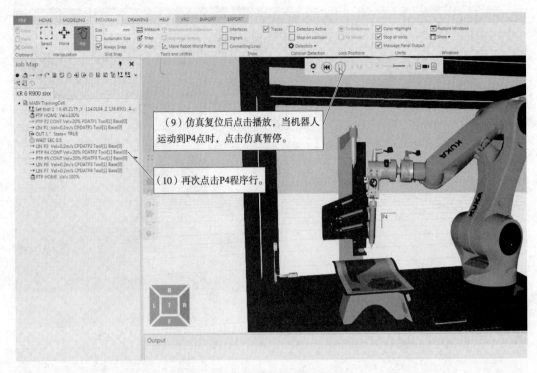

图 5-1-12 操作步骤(9)~(10)

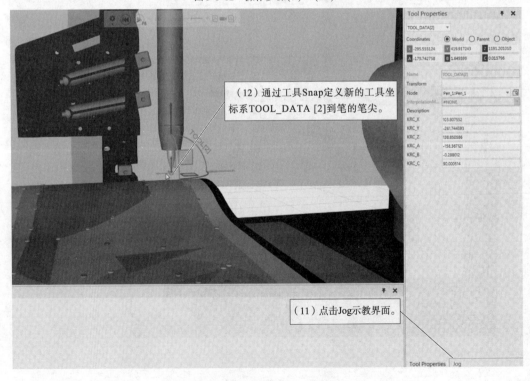

图 5-1-13 操作步骤(11)~(12)

图 5-1-14　操作步骤(13) ~ (14)

2. 创建机器人离线轨迹曲线及路径

然后创建机器人离线轨迹曲线及路径,图 5-1-15 ~ 图 5-1-18 为其具体的操作步骤。

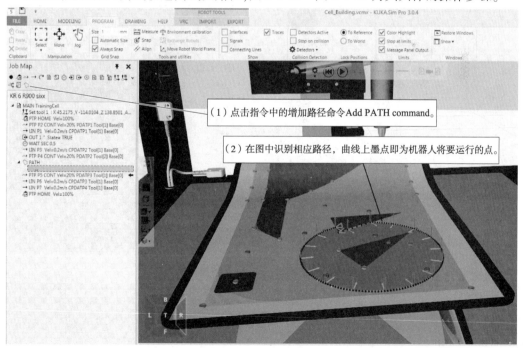

图 5-1-15　操作步骤(1) ~ (2)

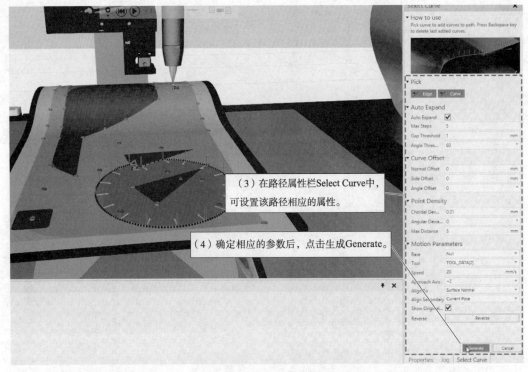

图 5-1-16　操作步骤(3)~(4)

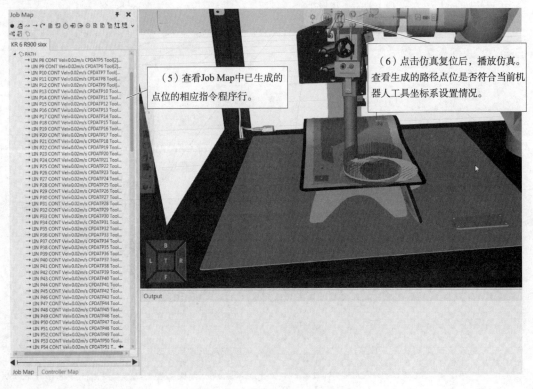

图 5-1-17　操作步骤(5)~(6)

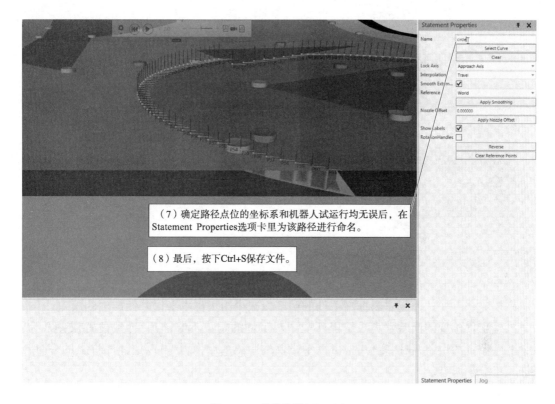

（7）确定路径点位的坐标系和机器人试运行均无误后，在Statement Properties选项卡里为该路径进行命名。

（8）最后，按下Ctrl+S保存文件。

图5-1-18　操作步骤（7）～（8）

任务二　机器人目标点位的调整

任务描述

机器人的末端执行器能够按照给出的路径运行，但是我们却不能准确地识别该末端执行器所画出的轨迹是否与原图路径符合。如果不符合，就需要调整部分点位的位置。因此，本次任务，我们来学习机器人目标点位的调整操作。

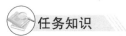任务知识

1. 工业机器人离线编程误差分析及解决方法

（1）TCP测量误差。

TCP（图5-2-1）是工具中心点，如果在机器人工作时，都无法准确确定中心点，那其后续操作必将会有很大的误差。

所以就需要对TCP进行测量，并在测量后，将误差控制在误差范围内。然后，对其测量结果进行验证，可以在固定点处进行重定位操作（图5-2-2），检验机器人在固定点处进行多姿态运动时是否在规定误差范围之内。

这就要求离线编程软件需要具备测量真实TCP的功能。

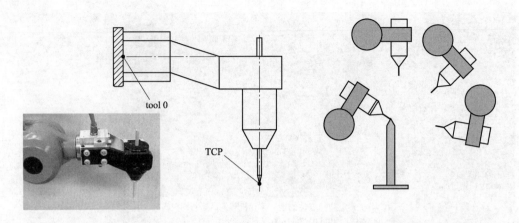

图 5-2-1　TCP 位置　　　　　　　　　　图 5-2-2　工业机器人重定位操作

（2）工件误差。

一是工件模型的误差。原则上,离线编程环境中的虚拟模型尺寸与真实世界的模型尺寸应该要完全一样。因此需要提高工件的精度以减少因工件本身误差而产生的误差。

二是工件位置的误差。离线编程环境中对工件的定位不够准确,导致位置误差。为了减少工件位置的误差,我们定位时,可以不止仅选用三个点,而是可以选择工件上的多个点,以进一步减小误差。

（3）机器人装配与绝对定位误差。

一方面是指机器人本身在加工与装配过程中所产生的误差,这就导致了最后生产出来的机器人,与其设计时的 DH 参数不可能完全一致。

另一方面是指机器人绝对定位误差。绝对定位误差又称为绝对精度,是指实际值与理论值的一致程度。当控制机器人移动到目标点时,机器人实际到达点与目标点之间存在着一定的距离误差。绝对误差只有在机器人极限姿态下才会较大,而正常情况下的姿态时,误差相对比较小。

通过消除以上三方面的误差来源,可以使离线编程的精度大大提高,从而使机器人更好地应用于打磨、去毛刺、切割、喷涂等复杂轨迹领域。

2. 调整机器人目标点位的操作流程

（1）调整路径上的目标点位。

对直线路径而言,一般只需在确定准确的起点点位和终点点位后,即可绘制直线路径,因此起点和终点之间的点位可删除（图 5-2-3）。

位于直线路径上的点位,需将其转弯区数值改为无,这样能保证机器人的末端执行器在直线运行时,位置更精准（图 5-2-4）；位于圆弧上的点位,则保留转弯区数值（图 5-2-5）。

（2）添加运行路径痕迹。

显示预先设置好的机器人运行轨迹路径,并给末端执行器添加信号,使得机器人在末端运动时留下路径痕迹。

通过对比路径的吻合程度,可以识别该末端执行器画出的轨迹是否与预设符合（图 5-2-6、图 5-2-7）。

图 5-2-3 路径中的直线路径段

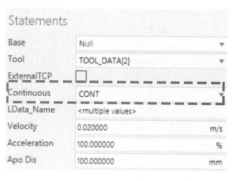

图 5-2-4 直线路径点位的转弯区数值 图 5-2-5 圆弧路径点位的转弯区数值

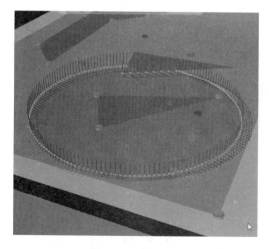

图 5-2-6 预设路径

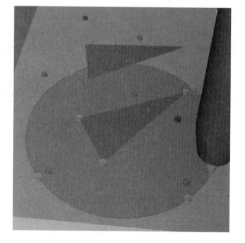

图 5-2-7 运动路径

 任务实施

调整机器人目标点位涉及如下几个方面。

1. 调整路径上的目标点位

首先,要调整路径上的目标点位,图 5-2-8 ~ 图 5-2-11 为其具体的操作步骤。

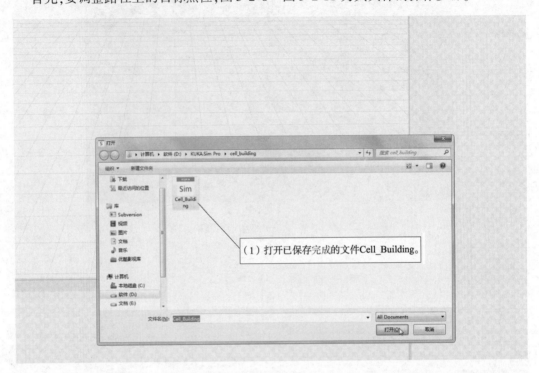

图 5-2-8　操作步骤(1)

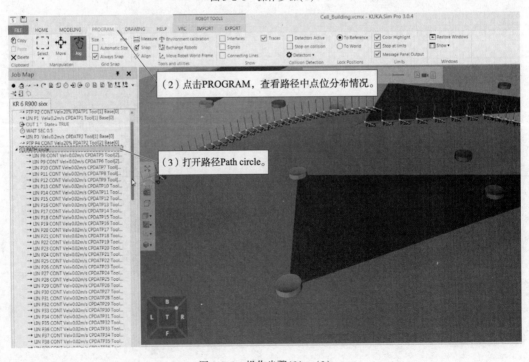

图 5-2-9　操作步骤(2) ~ (3)

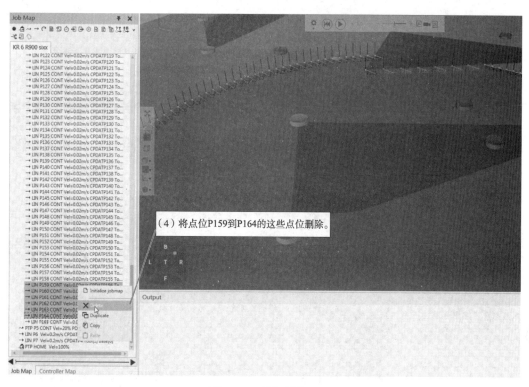

图 5-2-10 操作步骤(4)

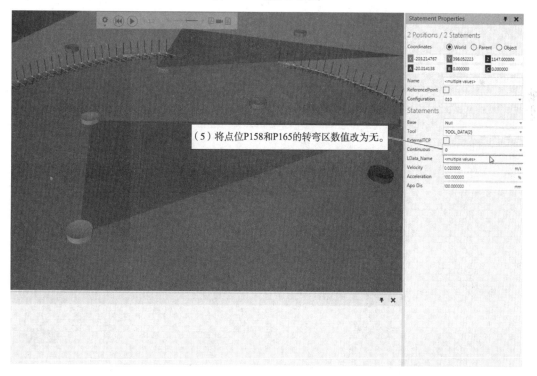

图 5-2-11 操作步骤(5)

2.添加运行路径痕迹

然后,再添加运行路径痕迹,图5-2-12~图5-2-22为其具体的操作步骤。

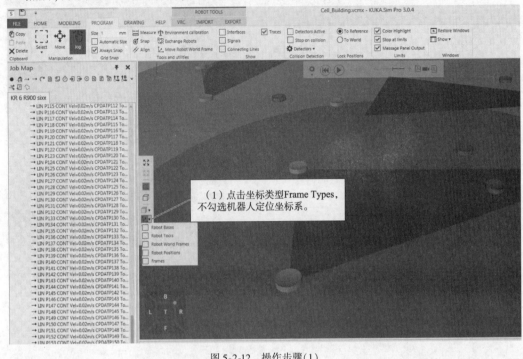

图5-2-12　操作步骤(1)

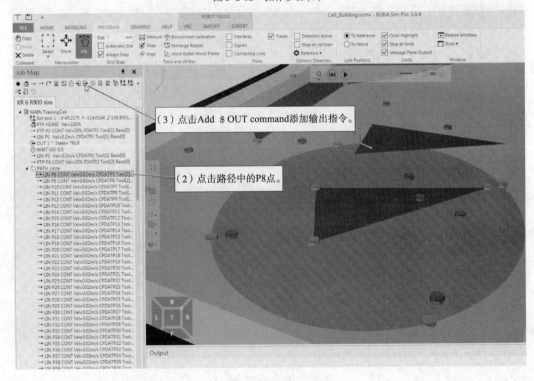

图5-2-13　操作步骤(2)~(3)

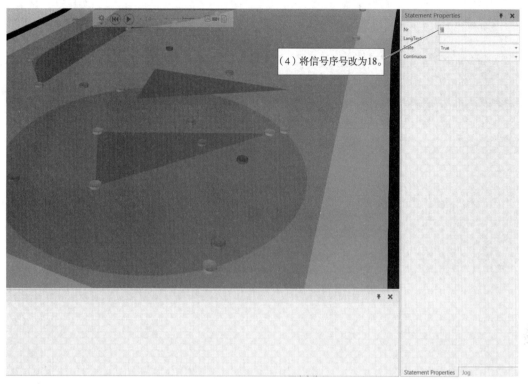

图 5-2-14 操作步骤(4)

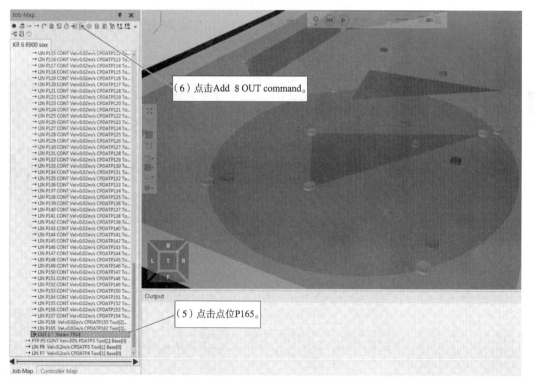

图 5-2-15 操作步骤(5)~(6)

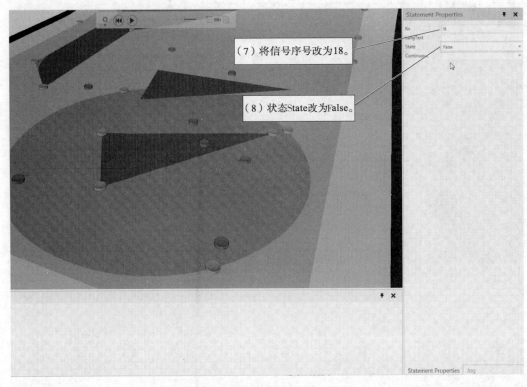

图 5-2-16　操作步骤(7)～(8)

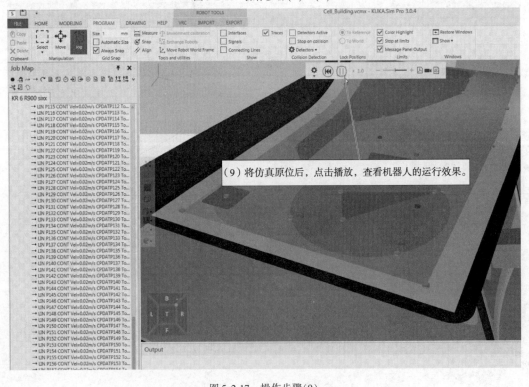

图 5-2-17　操作步骤(9)

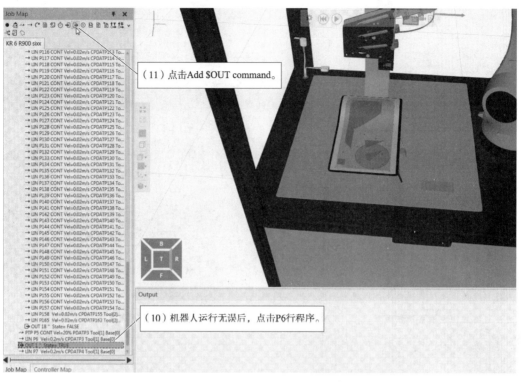

图 5-2-18　操作步骤(10) ~ (11)

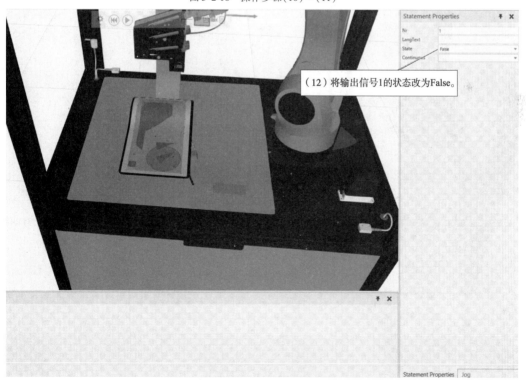

图 5-2-19　操作步骤(12)

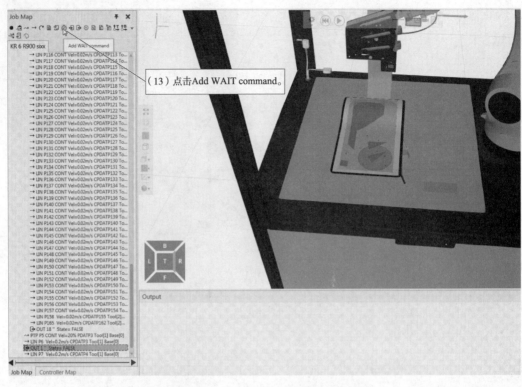

图 5-2-20　操作步骤(13)

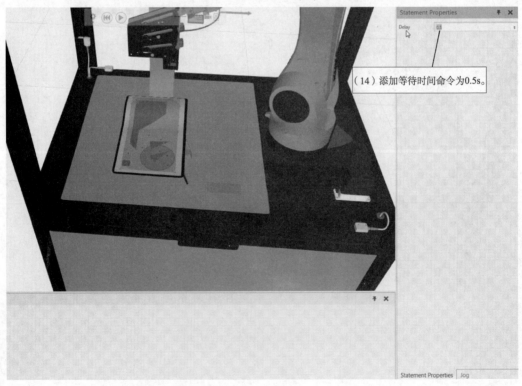

图 5-2-21　操作步骤(14)

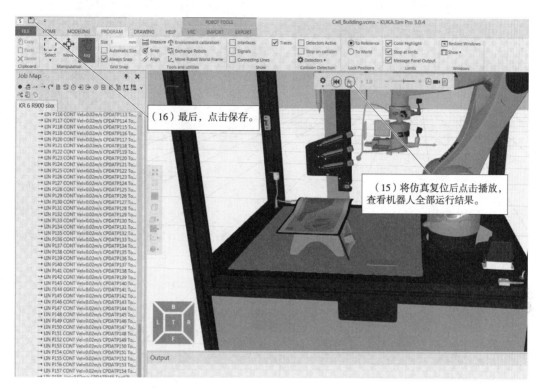

图 5-2-22　操作步骤(15) ~ (16)

任务三　机器人离线轨迹编程辅助工具

任务描述

上次任务,我们学习了机器人目标点位的调整操作。本次任务,我们来学习机器人离线轨迹编程辅助工具——机器人碰撞检测功能的使用。

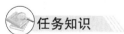
任务知识

1. 碰撞检测功能的作用

碰撞检测功能的主要作用是减少碰撞力对机器人本体的影响,避免机器人本体或者外围设损坏(图 5-3-1 ~ 图 5-3-3)。

在仿真运行过程中,当发生碰撞时,接触体会变成高亮黄色,表示碰撞发生。

在实际中,当碰撞发生时,一般情况下,机器人会立即停止,并沿之前的行走路径往反方向移动小段距离以释放残余应力。当碰撞报警被确认并解除之后,机器人才可以继续沿着之前的路径继续工作。

 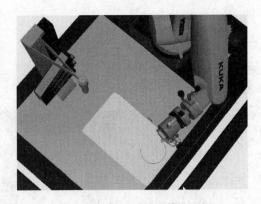

图 5-3-1　夹取工具时的接触碰撞　　　　图 5-3-2　作业过程中的接触碰撞

2. 碰撞检测功能的使用步骤

(1)创建检测器。

选择碰撞检测(Collision Detection)区块中的检测器(Detectors)并创建检测器(Create Detector),如图 5-3-4 所示。

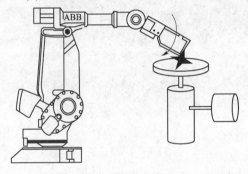

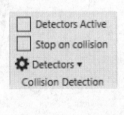

图 5-3-3　碰撞示意图　　　　　　　图 5-3-4　碰撞检测 Collision Detection 区块

(2)定义模型组件集合。

添加相应的模型至集合 A 和集合 B。集合 A 与集合 B 所包含的模型如图 5-3-5、图 5-3-6 所示。

图 5-3-5　集合 A 里的模型　　　　　　　图 5-3-6　集合 B 里的模型

（3）设置属性。

定义碰撞容差值为 10mm，也可勾选显示最小距离（Show Minimum Distance），以显示在碰撞检测中模型两个节点的最短距离。除此之外，也可根据需要设置其他属性（图 5-3-7）。

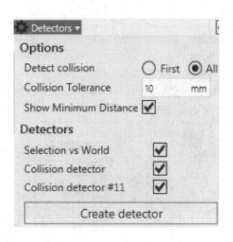

图 5-3-7　碰撞检测功能的属性设置

任务实施

在机器人的运动过程中，可以依靠机器人离线轨迹编程辅助工具来进行碰撞检测，图 5-3-8 ~ 图 5-3-17 为其具体的操作步骤。

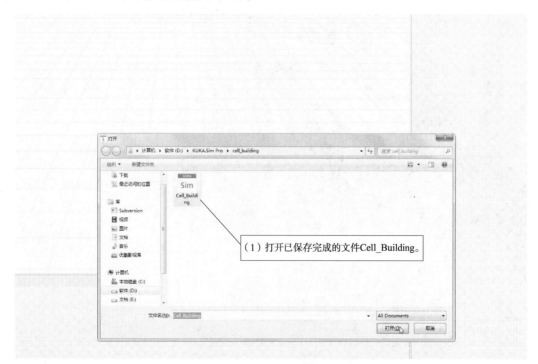

图 5-3-8　操作步骤（1）

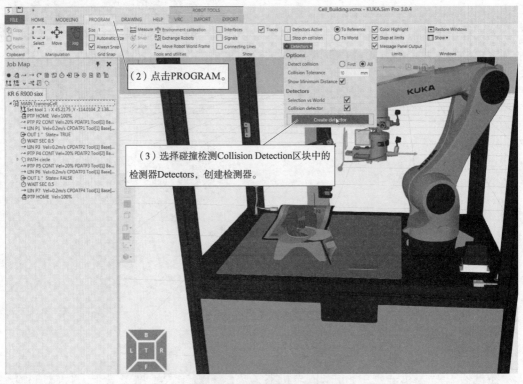

图 5-3-9　操作步骤(2)~(3)

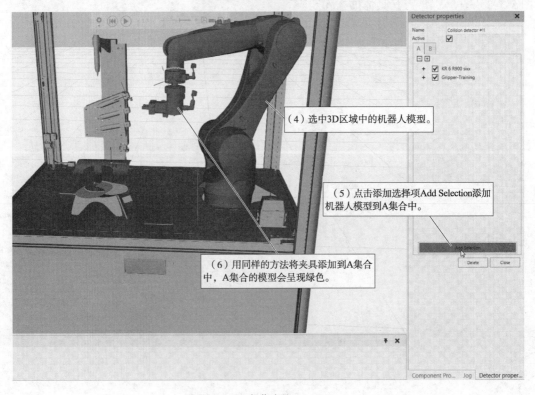

图 5-3-10　操作步骤(4)~(6)

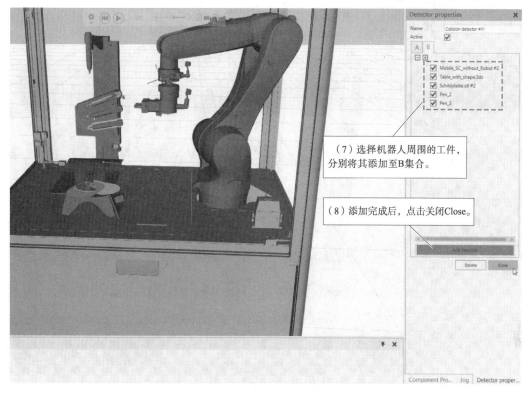

（7）选择机器人周围的工件，分别将其添加至B集合。

（8）添加完成后，点击关闭Close。

图 5-3-11 操作步骤(7) ~ (8)

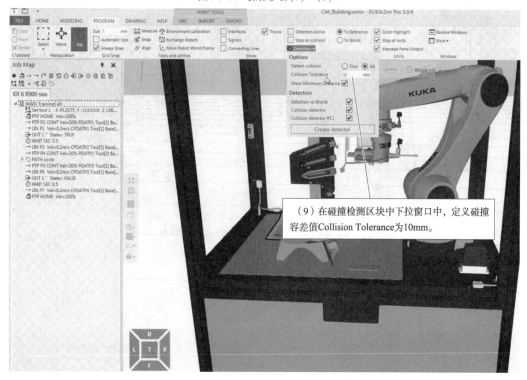

（9）在碰撞检测区块中下拉窗口中，定义碰撞容差值Collision Tolerance为10mm。

图 5-3-12 操作步骤(9)

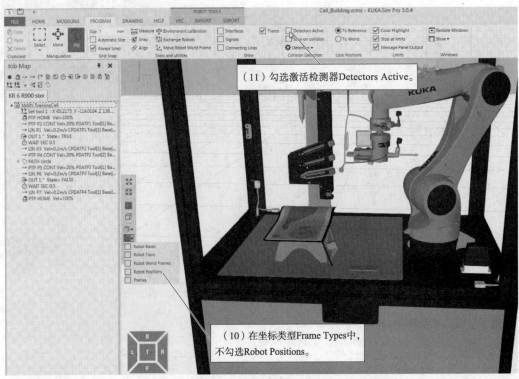

图 5-3-13　操作步骤(10) ~ (11)

图 5-3-14　操作步骤(12)

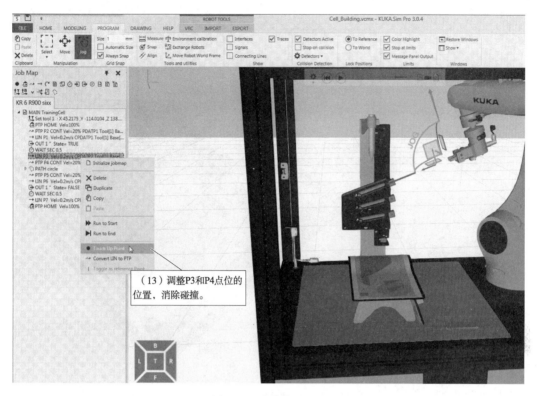

图 5-3-15　操作步骤(13)

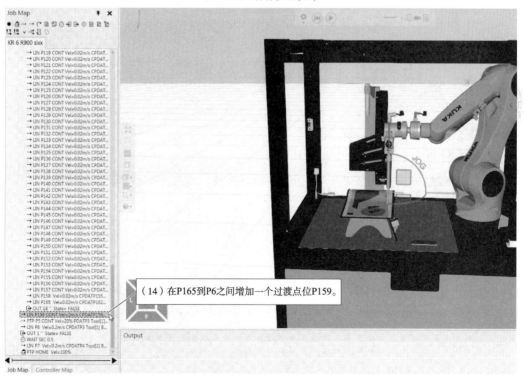

图 5-3-16　操作步骤(14)

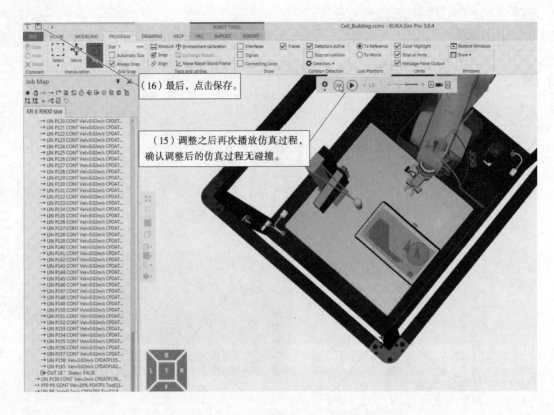

图 5-3-17　操作步骤(15) ~ (16)

任务四　在线调试离线轨迹程序

任务描述

上次任务,我们学习了机器人碰撞检测功能的使用。本次任务,我们学习将此离线轨迹程序导入 KUKA. Office Lite 软件中,进行在线调试离线轨迹程序的操作。

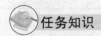任务知识

在线调试离线轨迹程序的操作步骤包括如下方面。

(1)打开软件 Sim Pro 和虚拟机。

(2)编辑项目和工作名称。

(3)填写虚拟主机的名称。虚拟主机 VRC Host 的名称应与虚拟主机中计算机名称相符。

(4)传输程序数据。轨迹设计好后,将轨迹信息输出为机器人可执行的代码语言,并通过网络接口,传输给机器人虚拟控制器,从而控制机器人按设定的轨迹路线运动。图 5-4-1 为虚拟机接收代码语言的示意图。

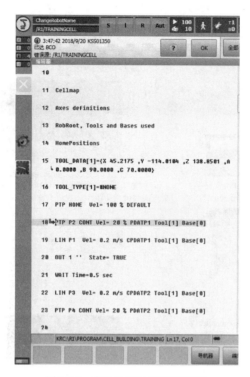

图 5-4-1　虚拟机接收到的代码语言

（5）查看虚拟环境中机器人的运动过程。在仿真选项卡中,点击播放键以启动程序,查看仿真过程。

任务实施

在线调试离线轨迹程序的操作步骤如图 5-4-2 ~ 图 5-4-5 所示。

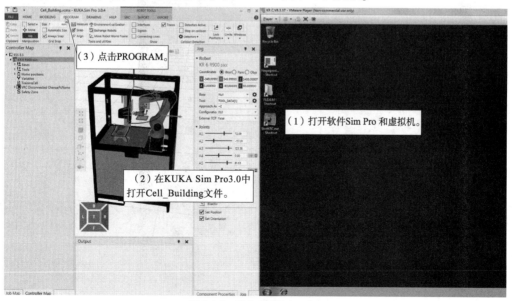

图 5-4-2　操作步骤(1) ~ (3)

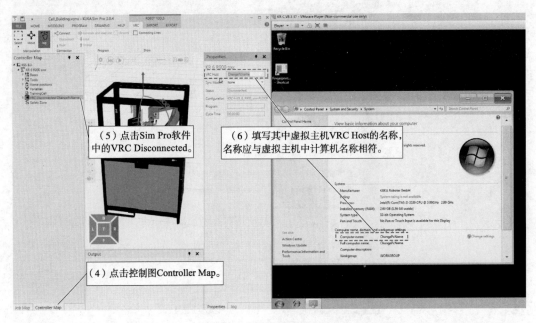

（5）点击Sim Pro软件中的VRC Disconnected。

（6）填写其中虚拟主机VRC Host的名称，名称应与虚拟主机中计算机名称相符。

（4）点击控制图Controller Map。

图5-4-3　操作步骤(4)～(6)

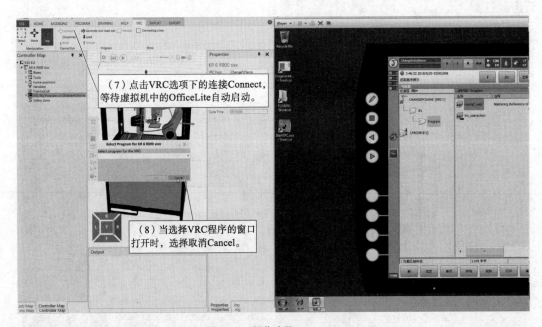

（7）点击VRC选项下的连接Connect，等待虚拟机中的OfficeLite自动启动。

（8）当选择VRC程序的窗口打开时，选择取消Cancel。

图5-4-4　操作步骤(7)～(8)

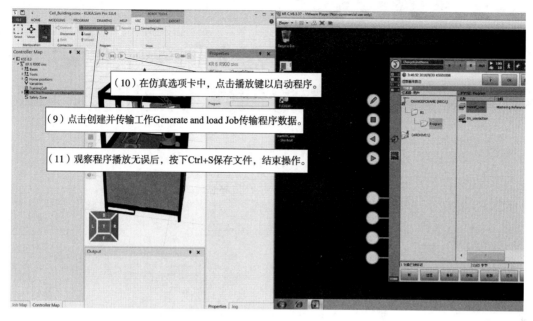

图 5-4-5　操作步骤(9) ~ (11)

项 目 小 结

　　本项目内容主要讲述了 KUKA 工业机器人离线仿真软件离线轨迹的编程操作,在本项目的学习中,学生需要掌握创建机器人离线轨迹曲线及路径的操作、如何设置信号与坐标数据、机器人目标点位的调整操作、机器人离线轨迹编程辅助工具的使用、在线调试离线轨迹程序的操作。

项目六 工业机器人搬运工作站系统的创建与应用

任务一 搭建搬运工作站

 任务描述

本次任务,我们将认识搬运工作系统,并学习搭建搬运基础工作站的操作。

任务知识

1.搬运工作站的定义

搬运机器人是可以进行自动化搬运作业的工业机器人。

搬运作业是指用一种设备握持工件,从一个加工位置移到另一个加工位置的过程。如果采用工业机器人来完成这个过程,整个搬运系统则构成了工业机器人搬运工作站。图6-1-1为搬运机器人仿真示例,图6-1-2为搬运机器人实物,图6-1-3为搬运工作站仿真示例。

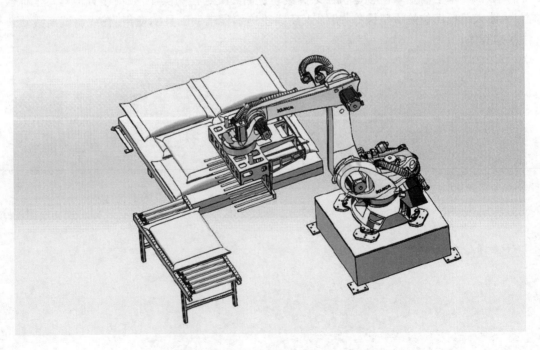

图6-1-1 仿真搬运机器人

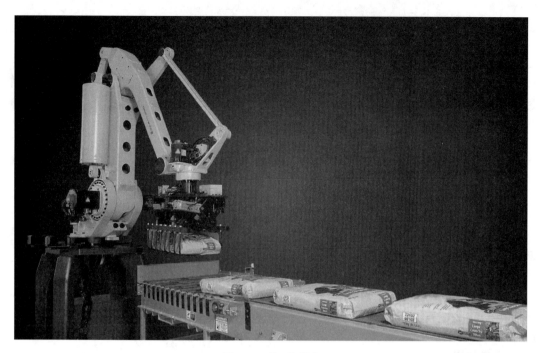

图 6-1-2　搬运机器人

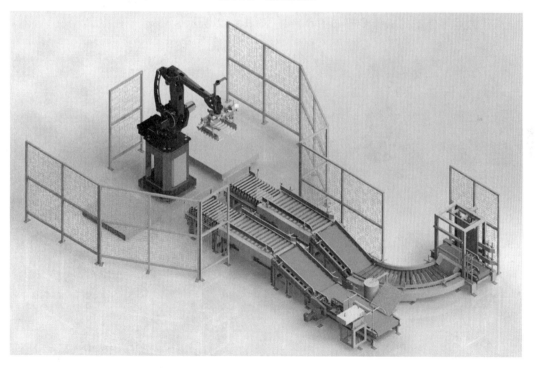

图 6-1-3　仿真搬运工作站

2. 搬运工作站的组成

搬运工作站的一般由以下部分组成。

（1）工业机器人系统。

包括机器人本体及末端执行器等外部轴组件。

（2）PLC 控制柜。

控制柜集成了机器人的控制系统，是整个机器人系统的神经中枢，负责处理机器人工作过程中的全部信息和控制其全部动作。

（3）操作平台。

平台上的开关控制着机器人、输送线的开停等。

（4）平面仓库。

平面仓库用于存储工件。

（5）上下料输送装置。

主要功能是把上料位置处的工件传送到输送线的末端落料台上，以便于机器人搬运。

（6）安全围栏。

装设安全围栏是保证现场工作人员安全技术措施之一，它把机器人操作空间与工作人员活动空间隔离，保证人机安全。

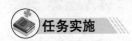 任务实施

搭建搬运工作站的操作步骤如图 6-1-4～图 6-1-12 所示。

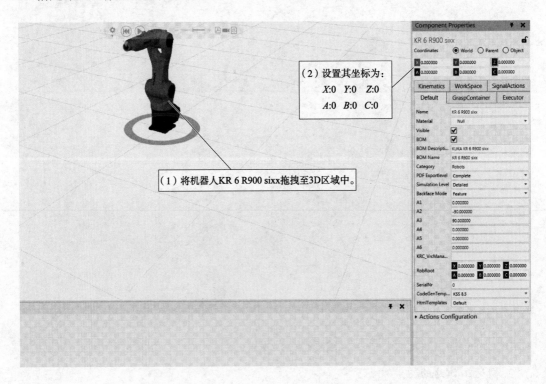

图 6-1-4 操作步骤(1)～(2)

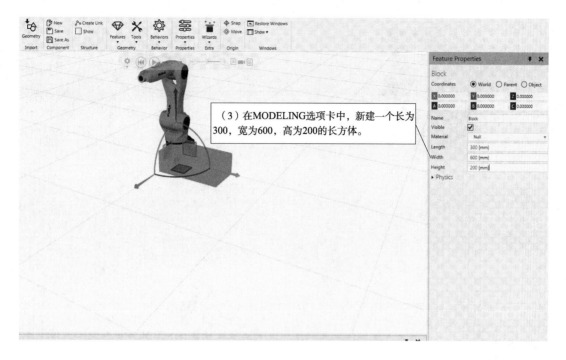

（3）在MODELING选项卡中，新建一个长为300，宽为600，高为200的长方体。

图6-1-5 操作步骤(3)

（4）返回本地选项卡，设置长方体的原点。

图6-1-6 操作步骤(4)

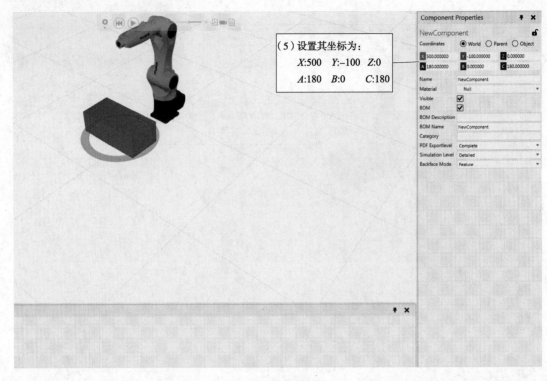

图 6-1-7　操作步骤(5)

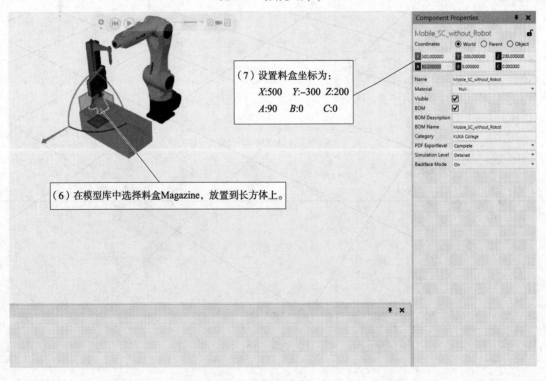

图 6-1-8　操作步骤(6)～(7)

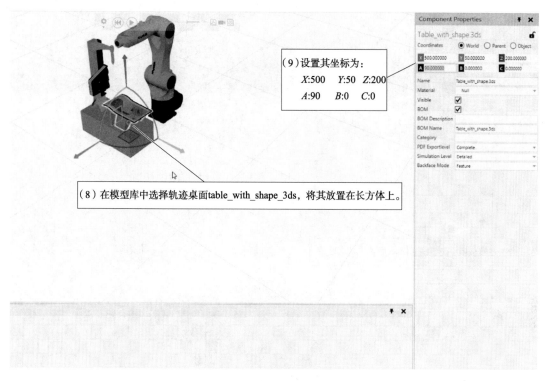

（9）设置其坐标为：
X:500　Y:50　Z:200
A:90　B:0　C:0

（8）在模型库中选择轨迹桌面table_with_shape_3ds，将其放置在长方体上。

图6-1-9　操作步骤(8)～(9)

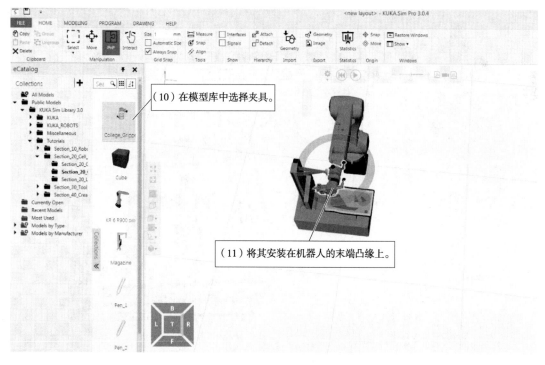

（10）在模型库中选择夹具。

（11）将其安装在机器人的末端凸缘上。

图6-1-10　操作步骤(10)～(11)

图 6-1-11　操作步骤(12) ~ (13)

图 6-1-12　操作步骤(14) ~ (15)

任务二 设置立方块组件和坐标系

 任务描述

上次任务,我们学习了搭建搬运基础工作站的操作。为了便于后期的操作,我们需要设置机器人等组件的相关参数。本次任务,我们将学习设置立方块组件的自由度和机器人的工具坐标系的操作。

 任务知识

设置组件的操作流程如下。

(1)设置立方块组件。

在搬运作业中,机器人夹取的工件可以是各种各样的物体,本次任务中我们以立方块(图 6-2-1)代替工件,进行操作。

待搬运的工件被输送到指定地点后,等待机器人的夹取,并被移动到目标区域。

(2)设置工具坐标系。

工件被夹具抓手夹取时,需要定位夹具的抓取点。本次任务使用的夹具是二指手爪,因此,可选用工具 Snap 两点捕捉中心法,将夹具的 TCP 定位在二指中心之间。这样,夹具抓取的有效位置就确定了。具体如图 6-2-2 所示。

图 6-2-1 立方块 Cube

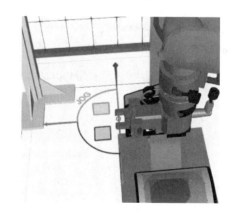

图 6-2-2 夹具 TCP 的位置

任务实施

1.设置立方块组件

首先,我们来设置立方块组件,图 6-2-3 ~ 图 6-2-7 为其具体的操作步骤。

2.设置工具坐标系

然后,我们来设置工具坐标系,图 6-2-8 ~ 图 6-2-13 为其具体的操作步骤。

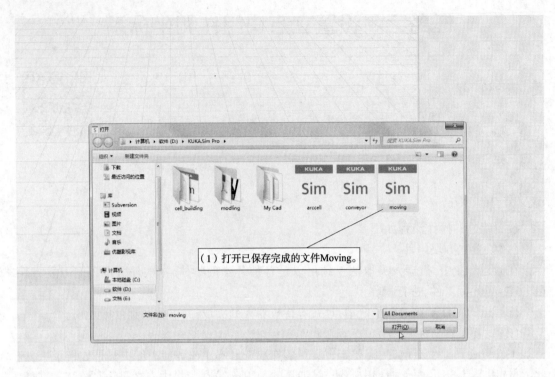

图 6-2-3　操作步骤(1)

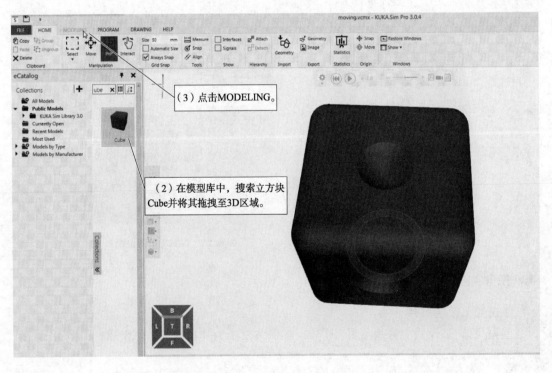

图 6-2-4　操作步骤(2) ~ (3)

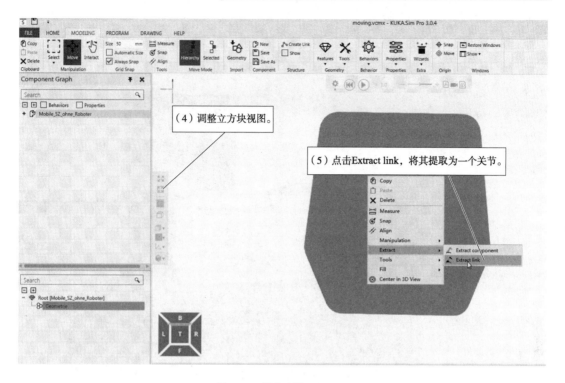

图 6-2-5　操作步骤(4) ~ (5)

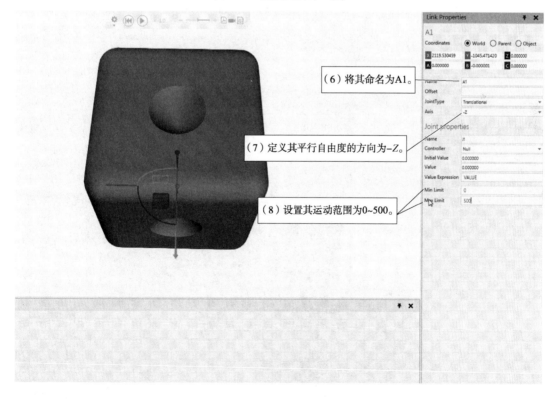

图 6-2-6　操作步骤(6) ~ (8)

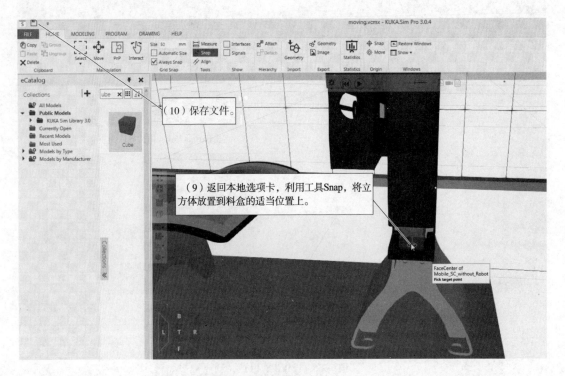

图 6-2-7　操作步骤(9)～(10)

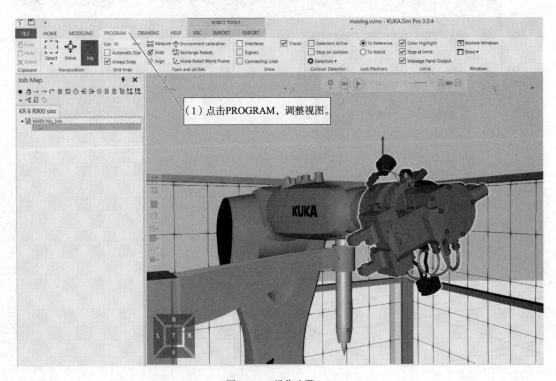

图 6-2-8　操作步骤(1)

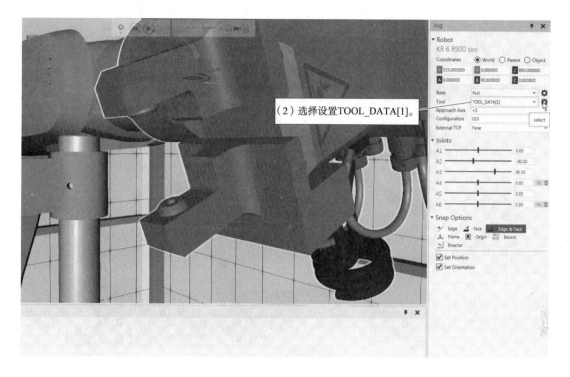

图 6-2-9　操作步骤(2)

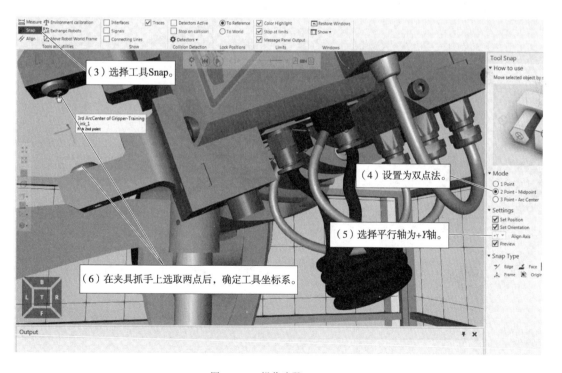

图 6-2-10　操作步骤(3)~(6)

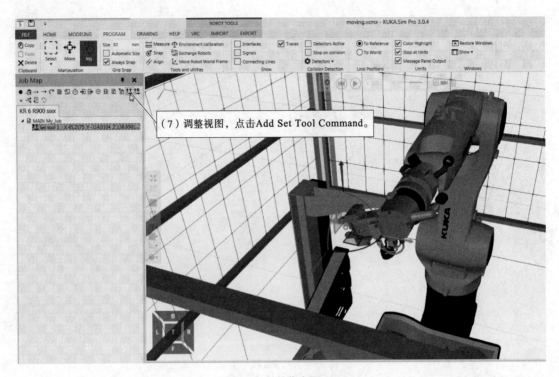

图 6-2-11　操作步骤(7)

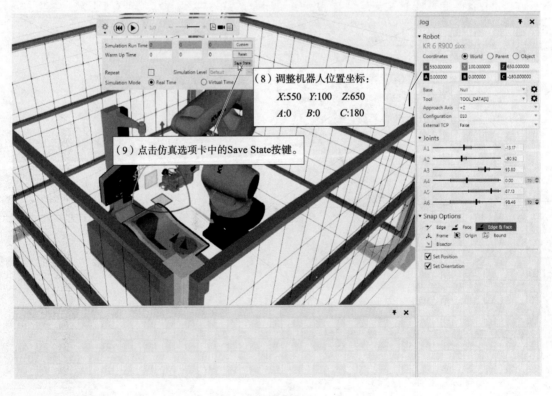

图 6-2-12　操作步骤(8) ~ (9)

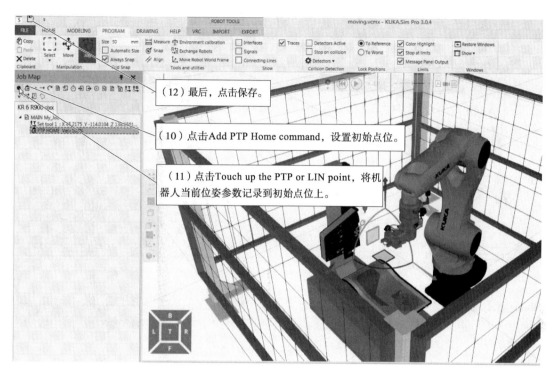

（12）最后，点击保存。

（10）点击Add PTP Home command，设置初始点位。

（11）点击Touch up the PTP or LIN point，将机器人当前位姿参数记录到初始点位上。

图 6-2-13 操作步骤(10)~(12)

任务三 设置工作站逻辑和搬运轨迹

任务描述

上次任务，我们学习了设置立方块组件坐标系的操作。本次任务，我们将学习设置工作站逻辑和搬运轨迹的操作。

任务知识

设置工作站逻辑的操作流程如下。

（1）设置工作站逻辑。

机器人在实现搬运的过程中，机器人的夹具与工件有相互配合运动，因此需要给工件添加运动属性，并通过信号接口（图6-3-1、图6-3-2）连接工件与机器人，建立机器人与工件之间的逻辑关系。

图 6-3-1 机器人信号接口   图 6-3-2 工件外部轴信号接口

（2）设置搬运轨迹。

机器人搬运立方块的轨迹为：HOME 起始点→抓取临近点→抓取点→返回抓取临近点→放置临近点→放置点→返回放置临近点。图 6-3-3 所示为各点的位置示意图。

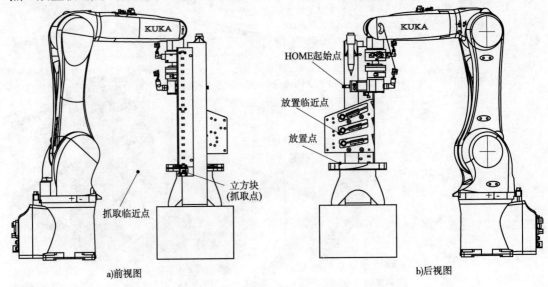

图 6-3-3　搬运轨迹各点位置

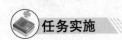 任务实施

1. 设置工作站逻辑

首先，我们来设置工作站逻辑，图 6-3-4 ~ 图 6-3-9 为其具体的操作步骤。

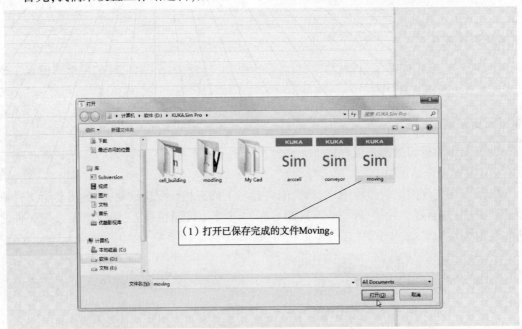

（1）打开已保存完成的文件Moving。

图 6-3-4　操作步骤（1）

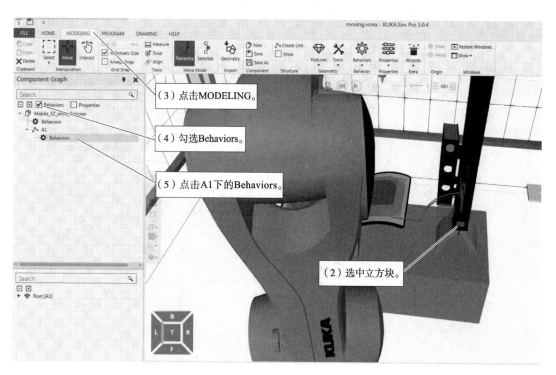

图 6-3-5 操作步骤(2)～(5)

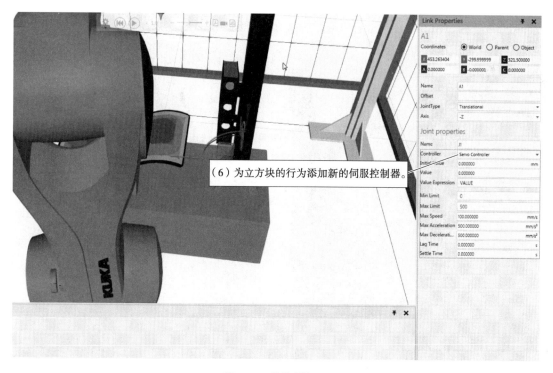

图 6-3-6 操作步骤(6)

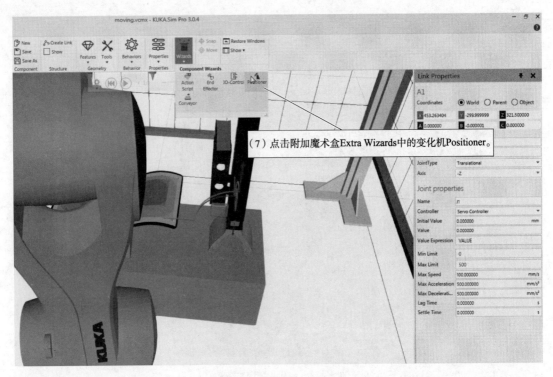

图 6-3-7　操作步骤(7)

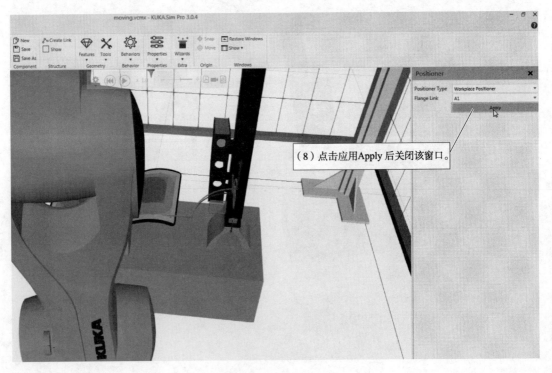

图 6-3-8　操作步骤(8)

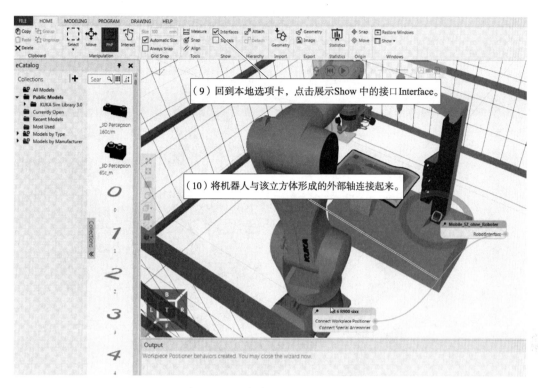

图 6-3-9　操作步骤(9)～(10)

2.设置搬运轨迹

然后,我们来设置搬运轨迹,图 6-3-10～图 6-3-21 为其具体的操作步骤。

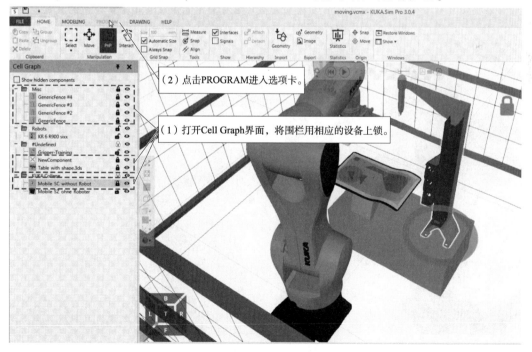

图 6-3-10　操作步骤(1)～(2)

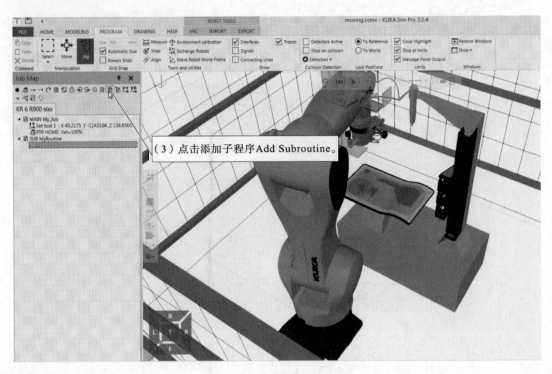

图 6-3-11　操作步骤(3)

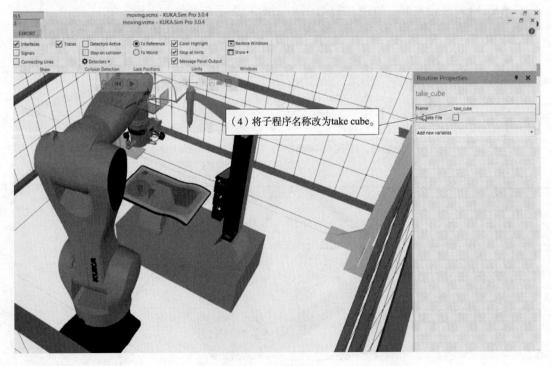

图 6-3-12　操作步骤(4)

（5）再次添加子程序Add Subroutine，将子程序名称改为drop cube。

图 6-3-13　操作步骤（5）

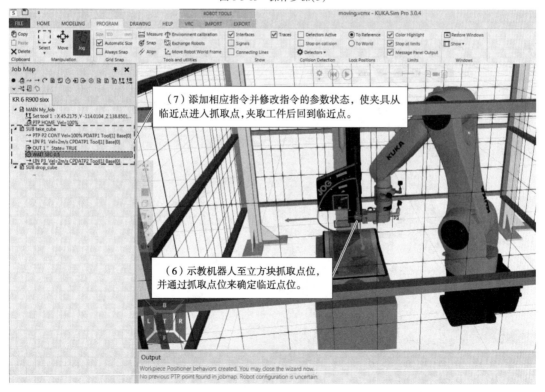

（7）添加相应指令并修改指令的参数状态，使夹具从临近点进入抓取点，夹取工件后回到临近点。

（6）示教机器人至立方块抓取点位，并通过抓取点位来确定临近点位。

图 6-3-14　操作步骤（6）~（7）

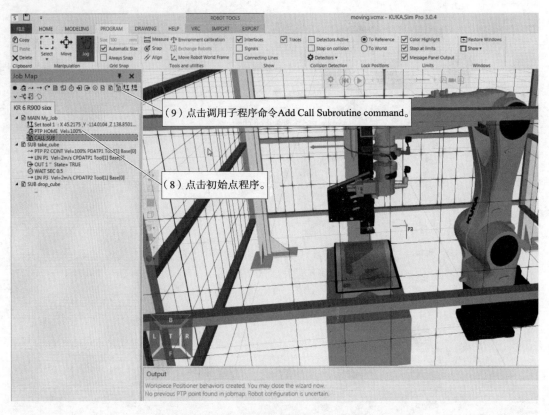

图 6-3-15　操作步骤(8)～(9)

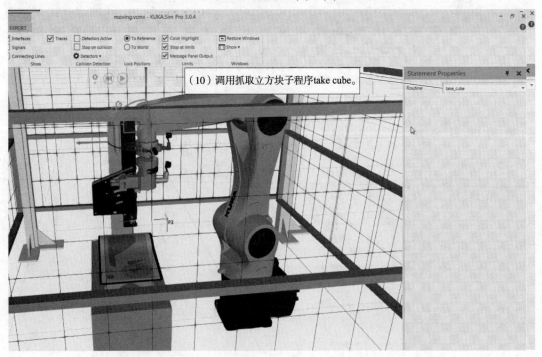

图 6-3-16　操作步骤(10)

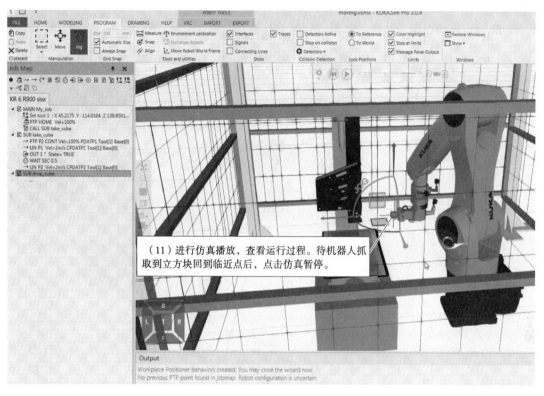

图 6-3-17　操作步骤(11)

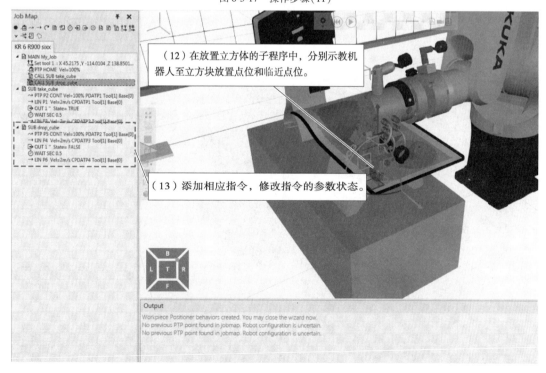

图 6-3-18　操作步骤(12)～(13)

图 6-3-19 操作步骤（14）

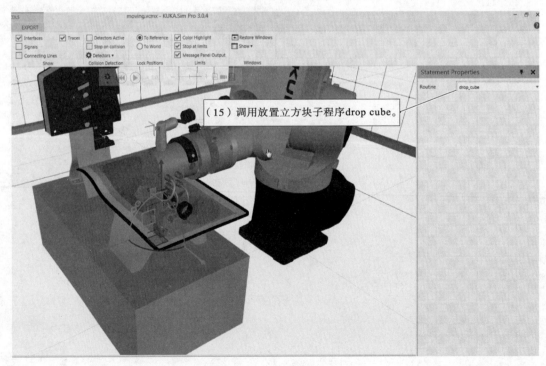

图 6-3-20 操作步骤（15）

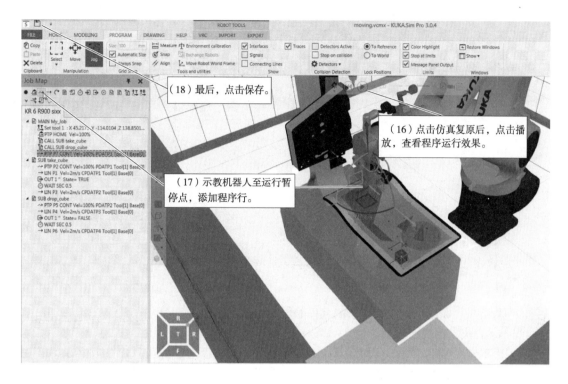

图 6-3-21　操作步骤(16)～(18)

任务四　工作站离线轨迹编程

任务描述

上次任务,我们学习了设置工作站逻辑和搬运轨迹的操作。本次任务,我们将继续学习并完善搬运工作流程的操作。

任务知识

设置搬运工作的流程如下。

(1)搬运工作轨迹。

在本任务中,搬运工作的搬运轨迹为:暂停点→抓取临近点→抓取点→返回抓取临近点→过渡点→放置临近点→放置点→返回放置临近点→HOME 点。图 6-4-1 所示为各点的位置示意图。

此段运动轨迹与上次任务介绍的运动轨迹组成一段完整的仿真搬运运动。

(2)位置偏差。

在实际的机器人搬运作业中,如果在抓取或放置时不添加等待时间指令,则可能会在抓取工件或放置工件时产生位置偏差(图 6-4-2),造成作业中的精度误差,甚至影响整个工作流程。

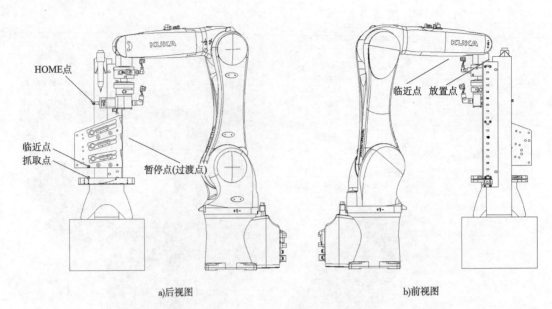

a)后视图   b)前视图

图 6-4-1 搬运轨迹各点位置

（3）立方块自由度设置要求。

理想状态下，工件立方块从移动前（入料口）到达移动后位置（出料口）的路径为垂直路线，因此在仿真过程中，工件立方块的自由度只需设置一个维度。其移动前后的位置示意如图 6-4-3 所示。

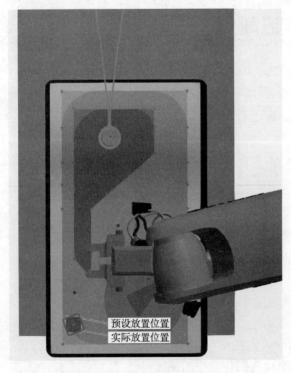

图 6-4-2 放置点位置偏差

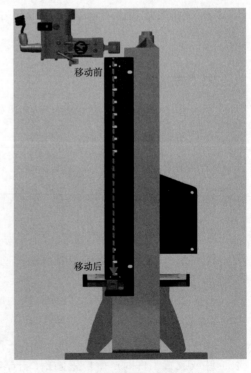

图 6-4-3 立方块在料盒移动前后的位置

任务实施

在上次任务的基础上,我们来完善设置搬运工作的流程,图 6-4-4 ~ 图 6-4-13 为其具体的操作步骤。

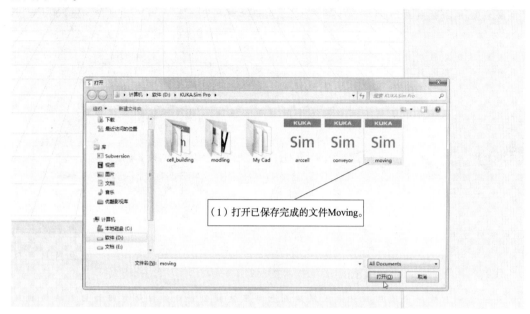

图 6-4-4　操作步骤(1)

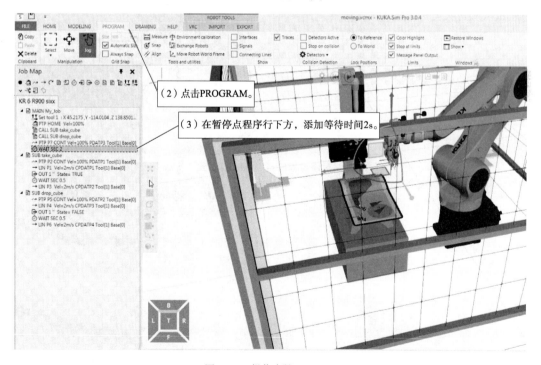

图 6-4-5　操作步骤(2) ~ (3)

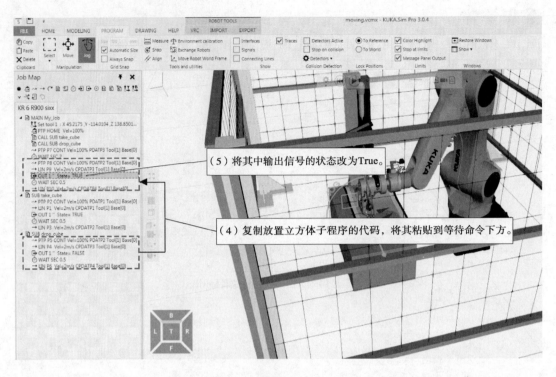

图 6-4-6　操作步骤(4)～(5)

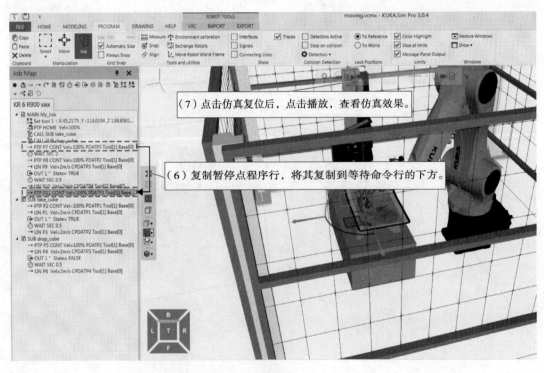

图 6-4-7　操作步骤(6)～(7)

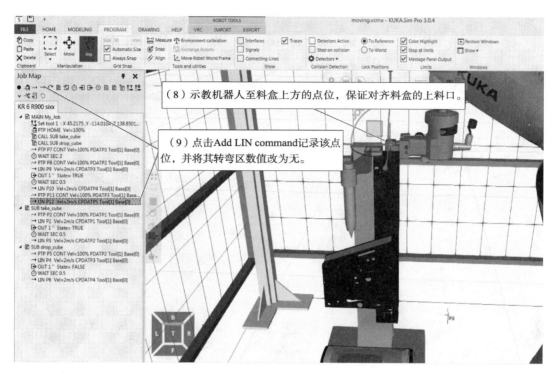

（8）示教机器人至料盒上方的点位，保证对齐料盒的上料口。

（9）点击Add LIN command记录该点位，并将其转弯区数值改为无。

图6-4-8 操作步骤(8)~(9)

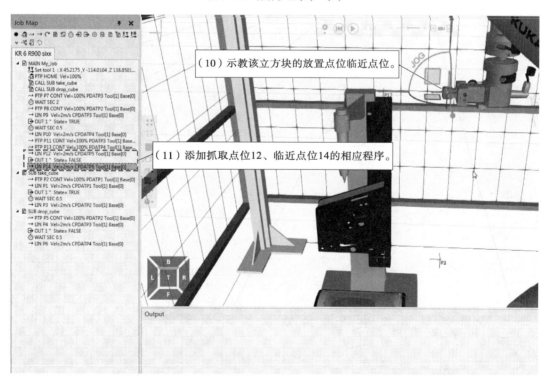

（10）示教该立方块的放置点位临近点位。

（11）添加抓取点位12、临近点位14的相应程序。

图6-4-9 操作步骤(10)~(11)

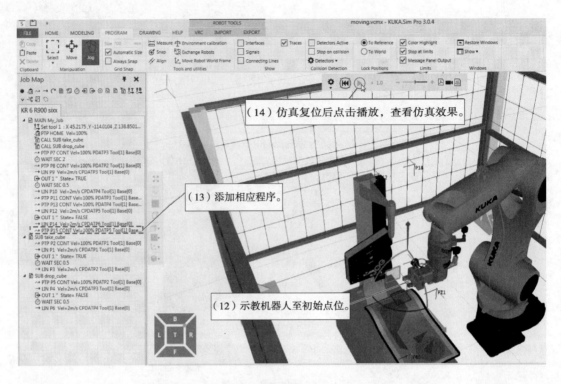

图 6-4-10　操作步骤(12)～(14)

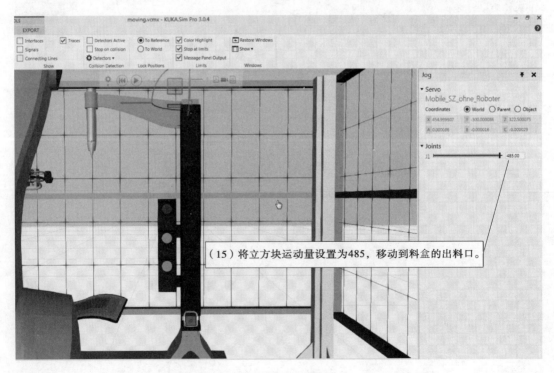

图 6-4-11　操作步骤(15)

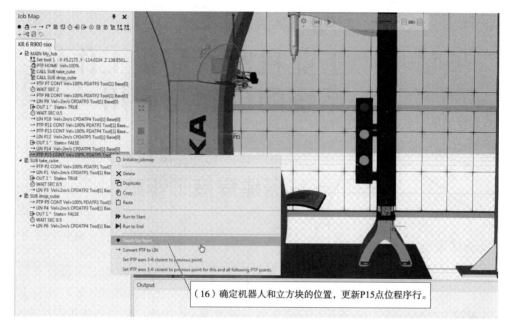

（16）确定机器人和立方块的位置，更新P15点位程序行。

图 6-4-12　操作步骤(16)

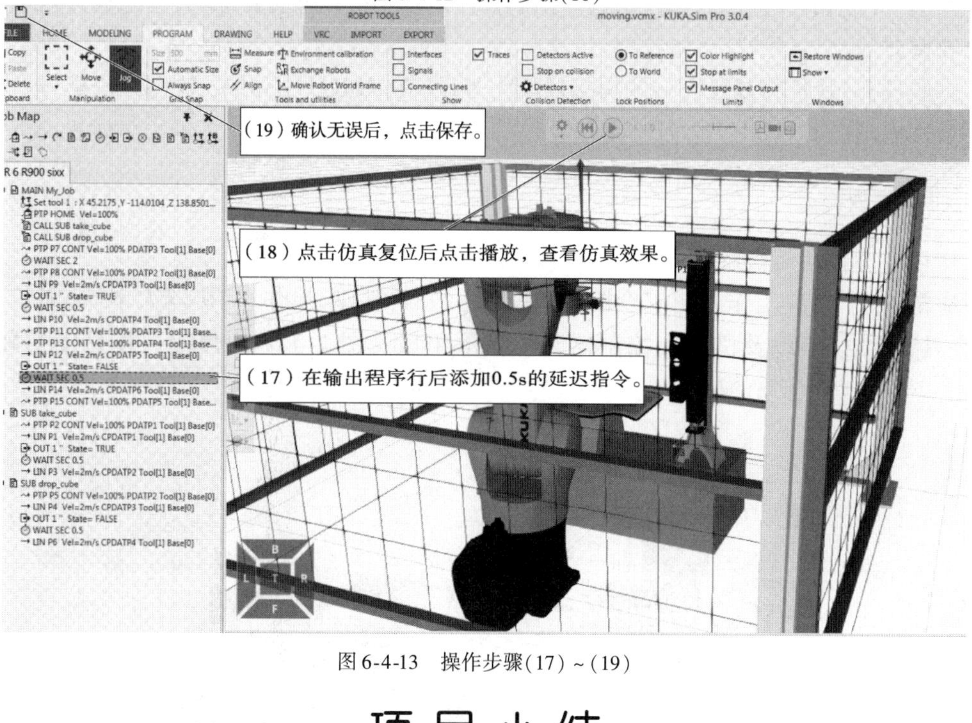

（19）确认无误后，点击保存。

（18）点击仿真复位后点击播放，查看仿真效果。

（17）在输出程序行后添加0.5s的延迟指令。

图 6-4-13　操作步骤(17) ~ (19)

项 目 小 结

本项目内容主要讲述了 KUKA 工业机器人离线仿真软件中工业机器人搬运工作站系统的创建与应用,在本项目的学习中,学生需要掌握搭建搬运工作站的操作、设置立方块组件和坐标系的方法、设置工作站逻辑和搬运轨迹的步骤、工作站离线轨迹编程的操作。

项目七 工业机器人焊接工作站 系统的创建与应用

任务一 搭建焊接工作站

任务描述

我们知道,工业机器人除了可以应用在搬运领域,其在焊接领域的应用也是非常广泛的。由于焊接作业的独特性,到目前为止,不同的工厂中出现了各种各样的焊接作业设备。

随着第二产业规模化、自动化和标准化的快速发展,尤其是汽车国产化进程的加快,机器人焊接工作站的应用越来越广泛,其作用汽车生产过程中的重要一环,也已成为汽车生产的主要模式。

本次任务,我们将以工厂中的焊接情景为基础,在 KUKA . Sim Pro 软件中搭建一个基础的焊接工作站。

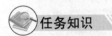**任务知识**

1. 焊接工作站的组成

通常,一个标准工作站由安全围栏、变位机、公共基座、操作台、机器人本体、固定工作台、夹具、电缆桥架以及机器人控制器和焊机等组成。图 7-1-1 为焊接工作站的实物图,图 7-1-2 为焊接工作站的仿真图。

图 7-1-1 单工位焊接工作站

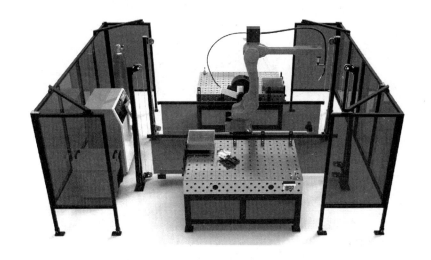

图 7-1-2　仿真双工位焊接工作站

（1）安全围栏。

装设安全围栏是保证现场工作人员安全技术措施之一，它把机器人操作空间与工作人员活动空间隔离，保证人机安全。

（2）变位机。

一些复杂的零部件模型，需要多角度地焊接处理，有的机器人无法完成这种复杂的焊接要求。然而，在工作站中设置变位机，就相当于给机器人组装了外部轴。通过机器人控制器，变位机与机器人协调合作，完成复杂的焊接工作。关于变位机的详细信息会在下一个任务详细介绍。

（3）公共基座。

公共基座包含机器人底座、变位机底座和工作站底座，可以做成一体。但有时为了方便运输，往往做成分体结构，然后通过连接件进行刚性连接。

（4）操作台。

操作台控制设备的启动与关闭等功能。

（5）夹具。

夹具装置用于夹取工件，通常由夹钳或气缸等构成。一般的夹具要求易操作、可调整装配，定位处的材料需具有耐磨、防护性好以及安全实用等特点。

（6）电缆桥架。

电缆桥架用于存放各种电缆、电源线、和信号线，使工作站美观和整洁。

2. 焊接工作站的工作流程

焊接工作站的工作流程一般按照控制系统下达的指令，根据预先示教的程序，依照以各坐标系为基准的位置信息，沿着示教的运动轨迹进行弧焊、点焊等自动作业。焊接工作站的工作流程如图 7-1-3 所示。有的焊接作业根据需求，还需配备检具和专机等设备。

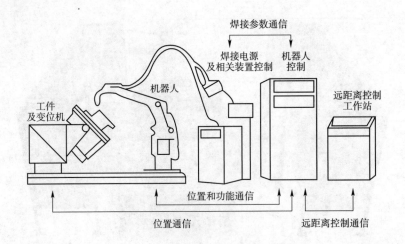

图 7-1-3　焊接工作站的工作(控制)流程

任务实施

1. 布局基本的焊接工作站

首先,我们先来布局基本的焊接工作站,图 7-1-4 ~ 图 7-1-7 为其具体的操作步骤。

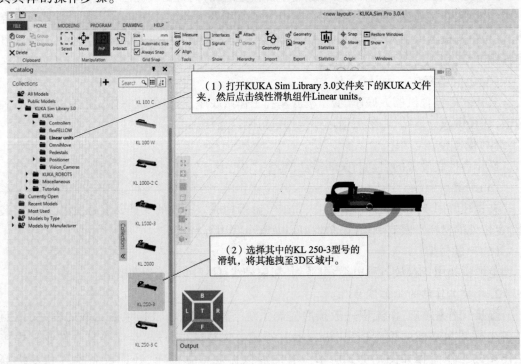

（1）打开KUKA Sim Library 3.0文件夹下的KUKA文件夹，然后点击线性滑轨组件Linear units。

（2）选择其中的KL 250-3型号的滑轨，将其拖拽至3D区域中。

图 7-1-4　操作步骤(1) ~ (2)

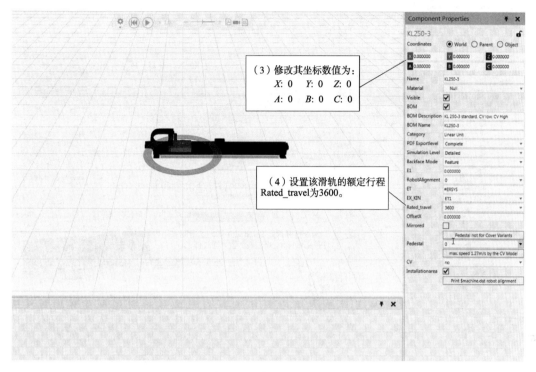

图 7-1-5　操作步骤(3)～(4)

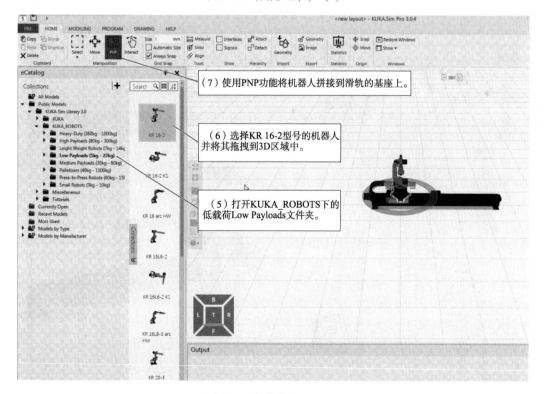

图 7-1-6　操作步骤(5)～(7)

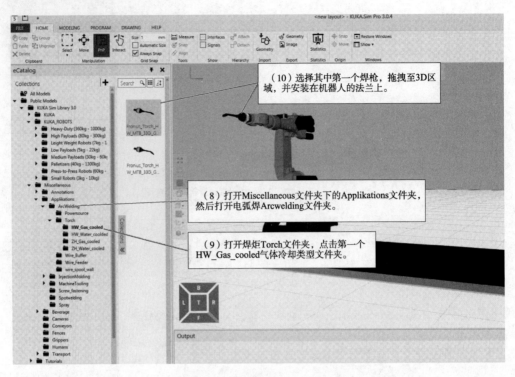

图 7-1-7　操作步骤(8)～(10)

2. 设置变位机原点

接下来,我们来设置变位机原点,图7-1-8~图7-1-13为其具体的操作步骤。

图 7-1-8　操作步骤(1)

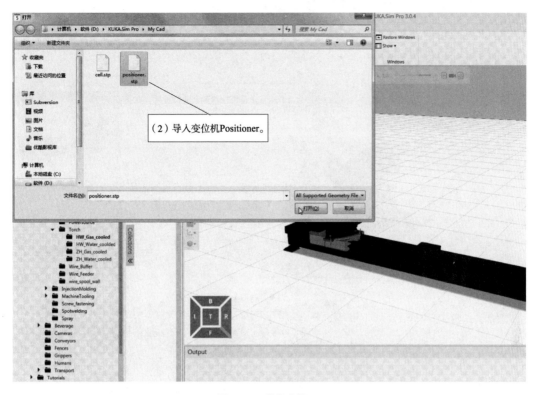

图 7-1-9　操作步骤(2)

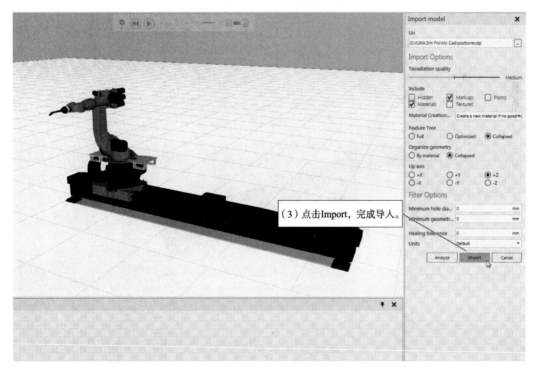

图 7-1-10　操作步骤(3)

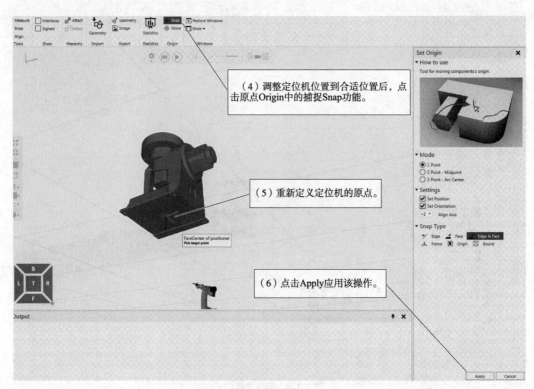

图 7-1-11　操作步骤(4)～(6)

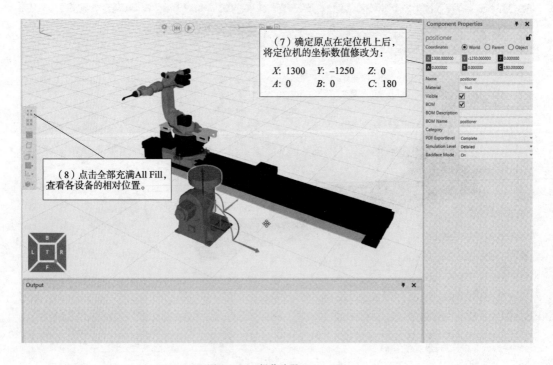

图 7-1-12　操作步骤(7)～(8)

图 7-1-13 操作步骤（9）

任务二 设置变位机组件

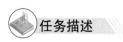 **任务描述**

上次任务，我们学习了搭建基础的焊接工作站，并在工作站中放置了变位机。变位机在焊接作业中有至关重要的作用。本次任务，我们将针对组件变位机，提取它的关节特征并设置它的自由度，从而定义工作站中该变位机的运动。

 任务知识

1. 变位机

在我国，焊接变位机是一个新型的产品。由于国内制造业之间发展水平的局限性，有关焊接变位机的研究也比较薄弱。因此，它的定义也不够清晰。同一种设备，不同的产业和不同的人可能对其有不同的称呼，如变位机、转胎、转台、翻转架、变位器等。但毫无疑问，它改善了需要立焊、仰焊等施焊操作的质量，提高了焊接生产率和生产过程的安全性（图 7-2-1）。

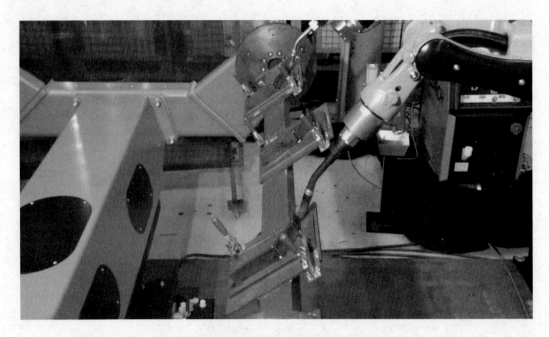

图7-2-1　变位机与机器人在焊接过程中的配合作业

2.变位机的工作原理

焊接变位机是通过工作台的升降、回转、翻转等运动使工件处于理想位置进行施焊作业的设备。变位机的结构如图7-2-2所示,其原理是:电动机输出一定的转速,经过带轮一次减速,然后经过减速器二次减速;最后,由回转主轴传递给工作台,输出焊件所需要的焊接速度,以达到焊接需求。

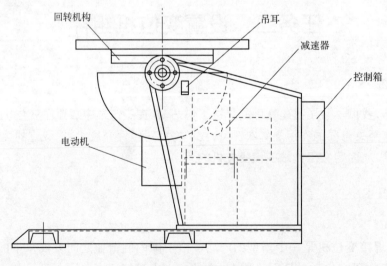

图7-2-2　变位机结构图

3.变位机的分类

焊接变位机的基本结构形式有三种,它们分别是伸臂式变位机、座式变位机、双座式变位机,其特点、性能见表7-2-1。

焊接变位机的结构及特性   表 7-2-1

结构形式	图　　示	结构特点与性能
伸臂式		伸臂式变位机的回转工作台安装在伸臂的一端,伸臂相对于某一倾斜轴成角度回转; 该变位机范围与作业适应性好,但整体稳定性较差
座式		座式变位机的工作台连同回转机构支撑在两边的倾斜轴上,倾斜轴通过扇形齿轮或液压缸,多在 110°～140°的范围内恒速倾斜; 该机稳定性好,一般不用固定在地面上,搬移方便
双座式		双座式变位机的工作台坐在 U 形架上,以预定的焊接速度回转,U 形架坐在两侧的机座上,多以恒速或所需的焊接速度绕水平轴转动; 该机整体稳定性好,倾斜驱动力矩小,因此,重型变位机多采用这种结构

　　为了满足不同工件的装夹需求,焊接变位机在基本结构的基础上也有较多变式。座式变位机中常见的两种类型如图 7-2-3、图 7-2-4 所示。

图 7-2-3　单轴座式变位机

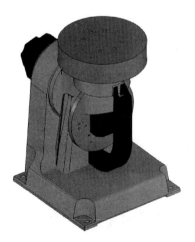

图 7-2-4　双轴座式变位机

任务实施

本次任务，我们以上次任务导入的变位机为例，对变位机进行设置，图7-2-5～图7-2-19为其具体的操作步骤。

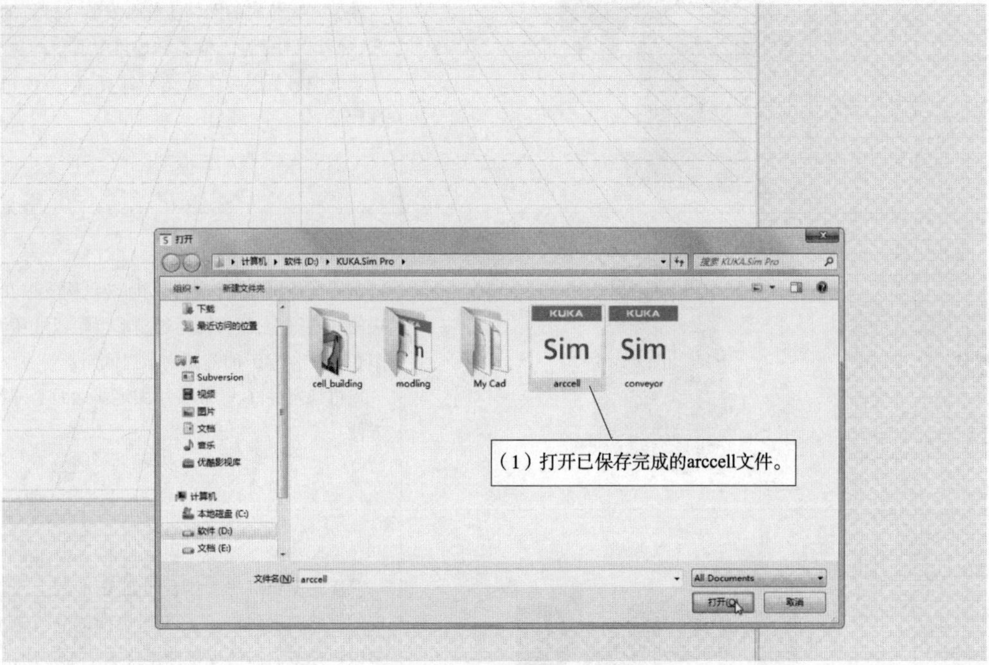
打开
计算机 ▸ 软件 (D:) ▸ KUKA.Sim Pro
组织 ▾
新建文件夹
下载
最近访问的位置
库
Subversion
视频
图片
文档
音乐
优酷影视库
计算机
本地磁盘 (C:)
软件 (D:)
文档 (E:)
cell_building
modling
My Cad
KUKA
Sim
arccell
conveyor
（1）打开已保存完成的arccell文件。
文件名(N): arccell
All Documents
打开(O)
取消

图7-2-5　操作步骤(1)

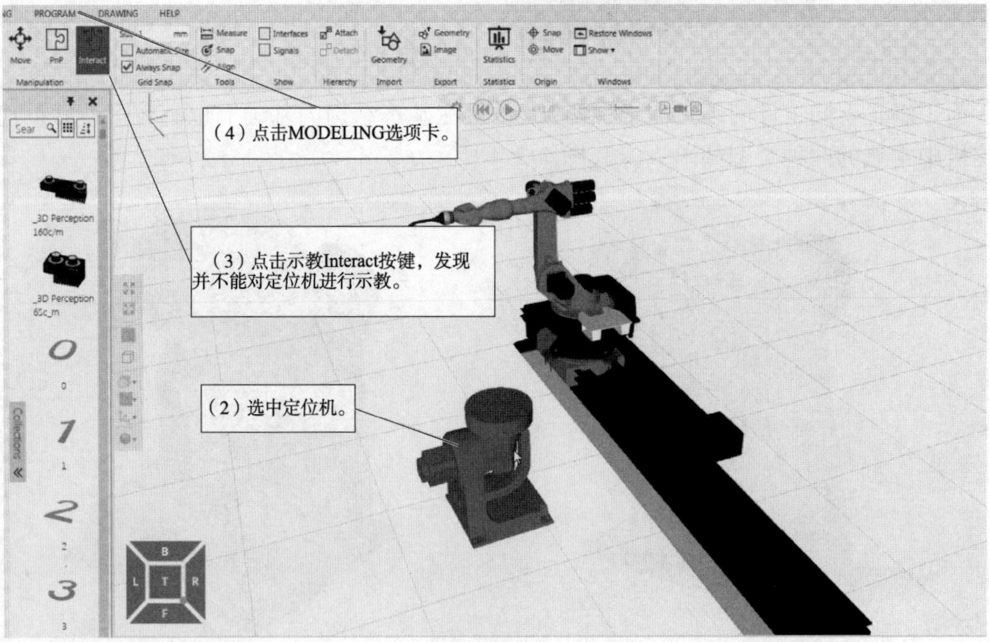
PROGRAM
DRAWING
HELP
Move
PnP
Interact
Manipulation
Automatic Size
Always Snap
Grid Snap
Measure
Snap
Align
Tools
Interfaces
Signals
Show
Attach
Detach
Hierarchy
Geometry
Import
Geometry
Image
Export
Statistics
Statistics
Snap
Move
Origin
Restore Windows
Show
Windows
（4）点击MODELING选项卡。
（3）点击示教Interact按键，发现并不能对定位机进行示教。
（2）选中定位机。
_3D Perception 160c/m
_3D Perception 65c_m
Collections

图7-2-6　操作步骤(2)～(4)

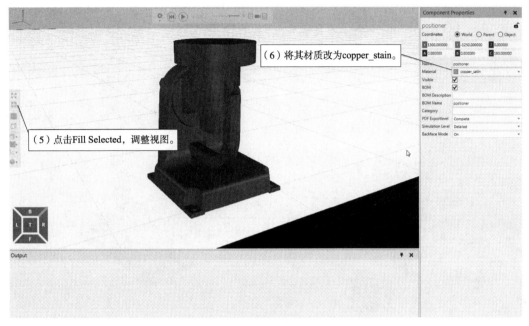

图 7-2-7 操作步骤(5)~(6)

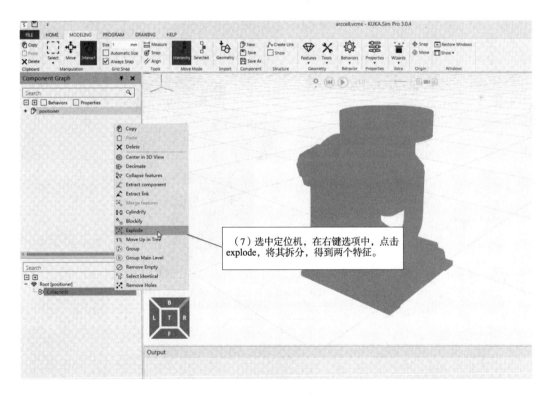

图 7-2-8 操作步骤(7)

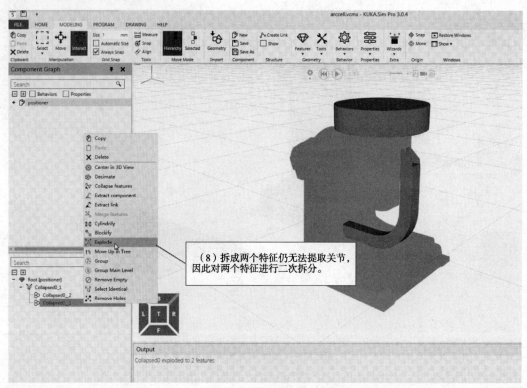

图 7-2-9　操作步骤(8)

图 7-2-10　操作步骤(9)

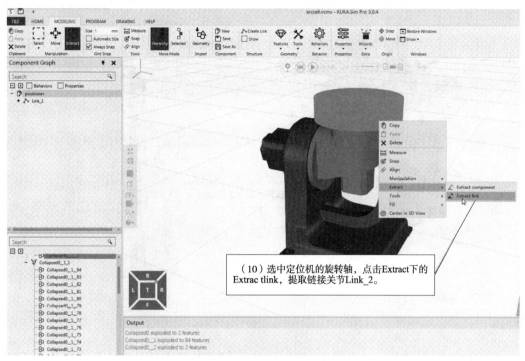

图 7-2-11　操作步骤(10)

图 7-2-12　操作步骤(11)~(13)

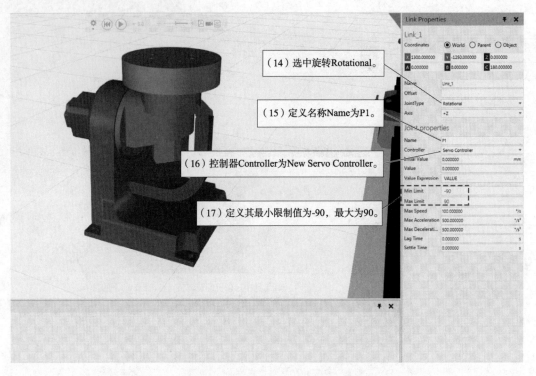

图 7-2-13　操作步骤(14) ~ (17)

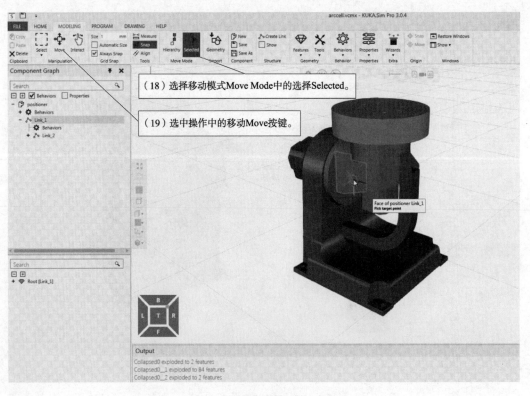

图 7-2-14　操作步骤(18) ~ (19)

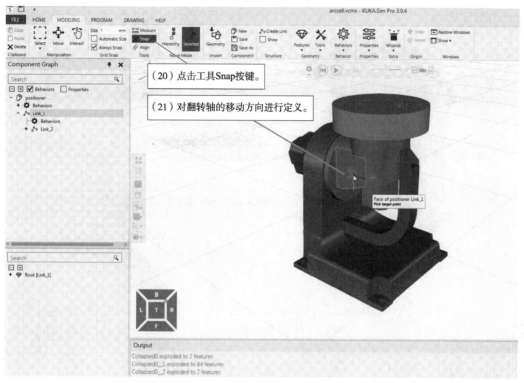

图 7-2-15　操作步骤(20) ~ (21)

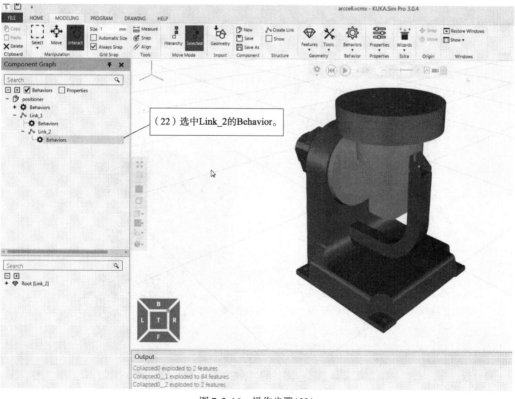

图 7-2-16　操作步骤(22)

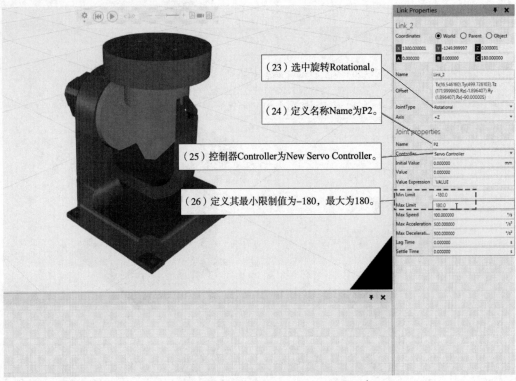

图 7-2-17 操作步骤（23）~（26）

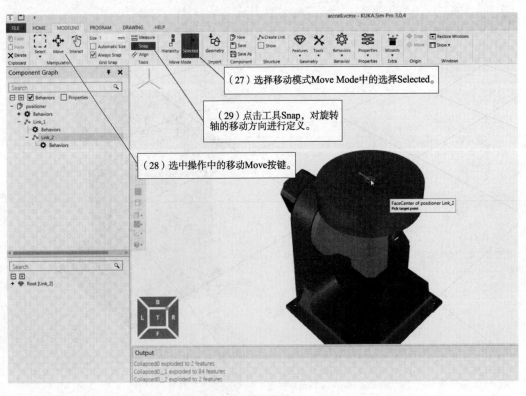

图 7-2-18 操作步骤（27）~（29）

（30）完成后，点击Interact示教，验证翻转轴单独的运动，以及旋转轴随着翻转轴移动的运动。

（31）最后，按下快捷键Ctrl+S保存文件，结束操作。

图7-2-19 操作步骤(30)~(31)

任务三 设置工作站逻辑和坐标系

任务描述

上次任务，我们提取了变位机的关节特征并设置了它的自由度，从而定义工作站中该变位机的运动。本次任务，我们将给变位机和机器人添加逻辑关系，使得它们能够在仿真过程中相互配合。

任务知识

1. 变位机与机器人的连接接口

要使变位机与机器人之间形成逻辑关系，先要设置变位机和机器人一对一的远程连接接口。表7-3-1为接口的具体含义。

变位机与机器人连接接口 表7-3-1

图 例	连 接 组 件	接 口
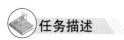 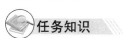	KR 16-2 型号机器人	Connect workpiece Positioner 连接工件变位机接口
		Connect Special Accessories 连接特殊组件

图　　例	连接组件	接　　口
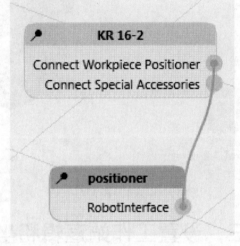 positioner 《 RobotInterface	Positioner 变位机	RobotInterface 机器人接口

2. 添加变位机和机器人的逻辑关系

（1）连接变位机和机器人接口。

确认变位机已定义一对一的远程连接接口。图 7-3-1 为接口的连接方式示意图。

图 7-3-1　接口连接方式

（2）设置工件。

我们用方块代替工件,从库中调出方块 Block（图 7-3-2）,设置好其尺寸参数（图 7-3-3）。

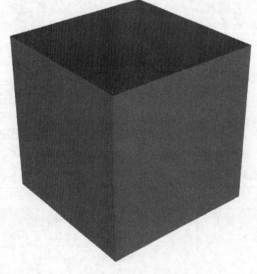

图 7-3-2　方块 Block

图 7-3-3　方块 Block 尺寸参数

（3）连接工件和变位机。

通常，工件是被夹持在变位机上的，因此工件与变位机要连接起来，固定在变位机的旋转轴中心上。图7-3-4为工件与定位的连接位置。

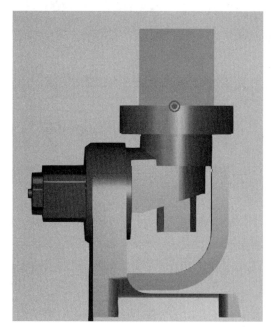

图7-3-4　工件与定位机的连接位置

（4）定义机器人工具坐标系。

定义工具坐标系在焊枪的末端，为之后设置焊接路径作准备，如图7-3-5所示。

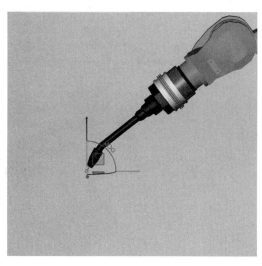

图7-3-5　定义工具坐标系在焊枪末端

**任务实施**

接下来，我们设置工作站的逻辑和坐标系，图7-3-6～图7-3-19为其具体的操作步骤。

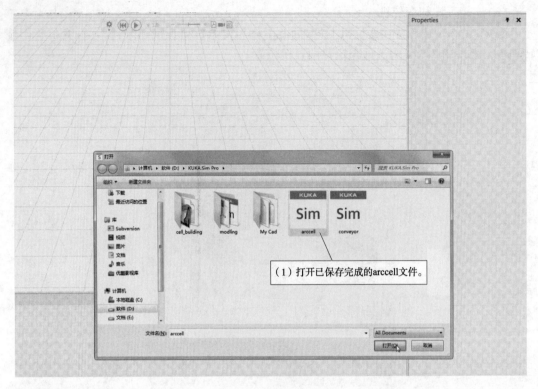

图 7-3-6　操作步骤(1)

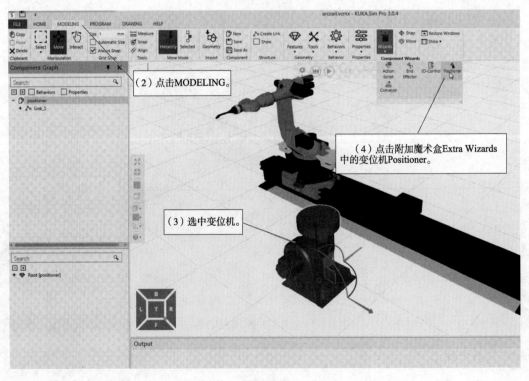

图 7-3-7　操作步骤(2)~(4)

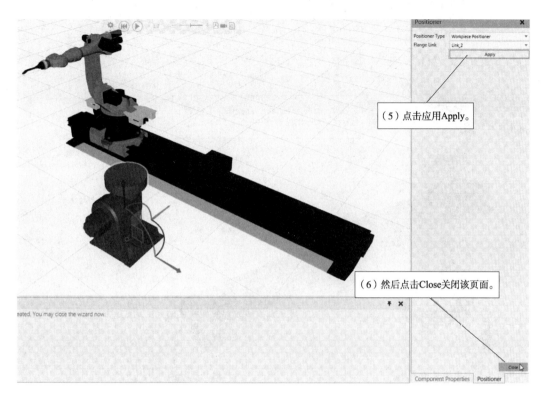

图 7-3-8　操作步骤(5)～(6)

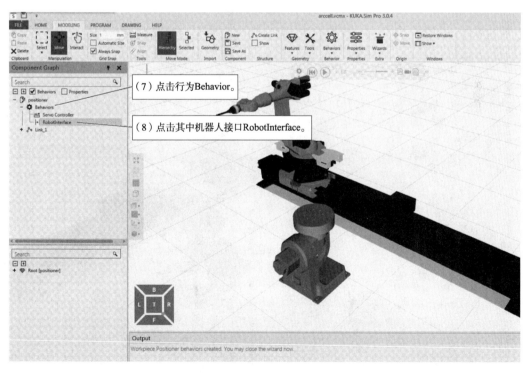

图 7-3-9　操作步骤(7)～(8)

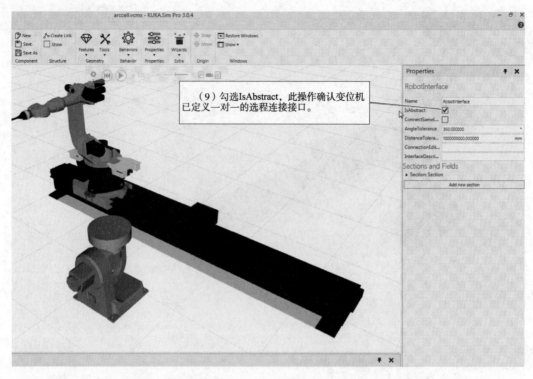

图 7-3-10　操作步骤(9)

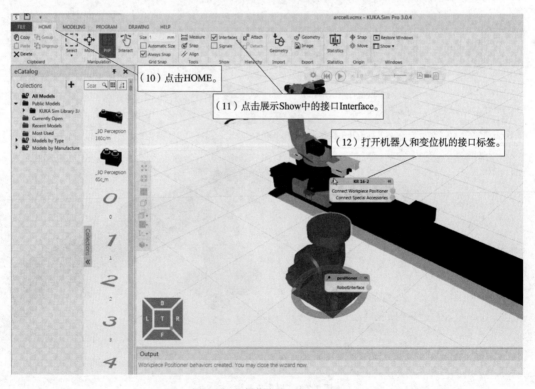

图 7-3-11　操作步骤(10)～(12)

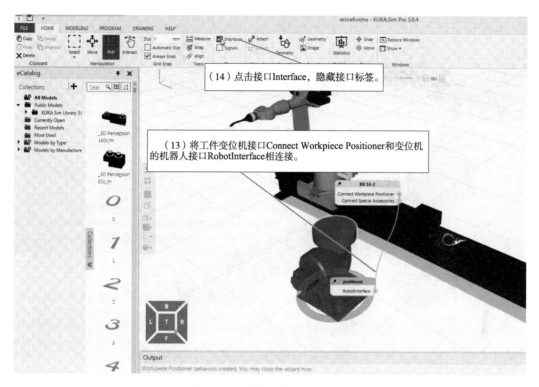

图 7-3-12　操作步骤(13)～(14)

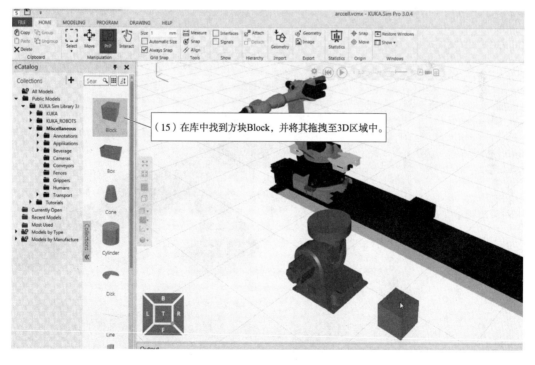

图 7-3-13　操作步骤(15)

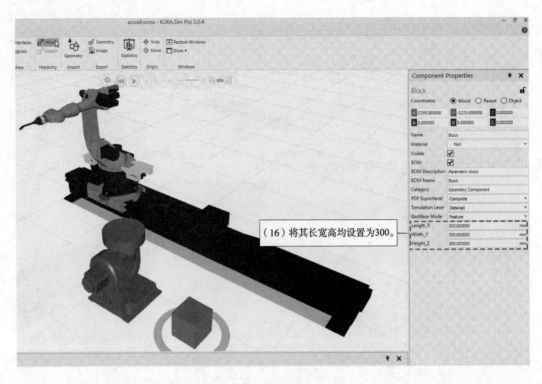

图 7-3-14　操作步骤(16)

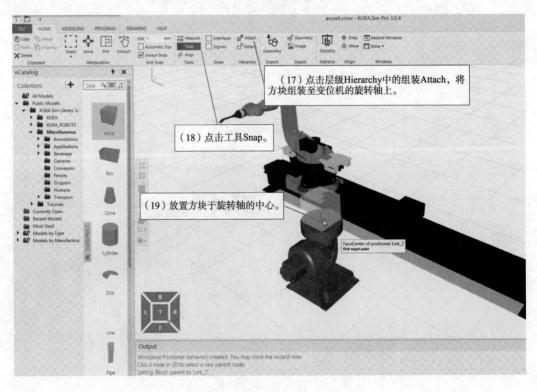

图 7-3-15　操作步骤(17) ~ (19)

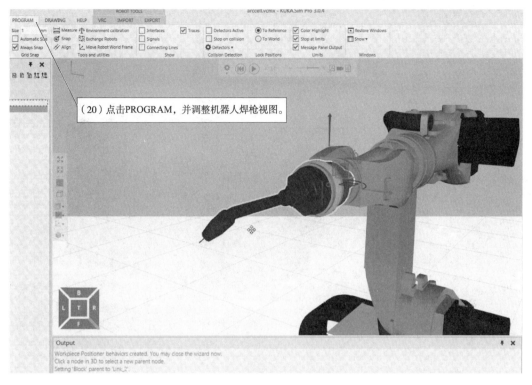

图 7-3-16　操作步骤(20)

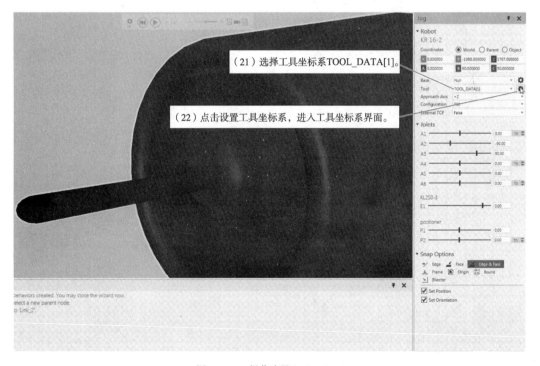

图 7-3-17　操作步骤(21)~(22)

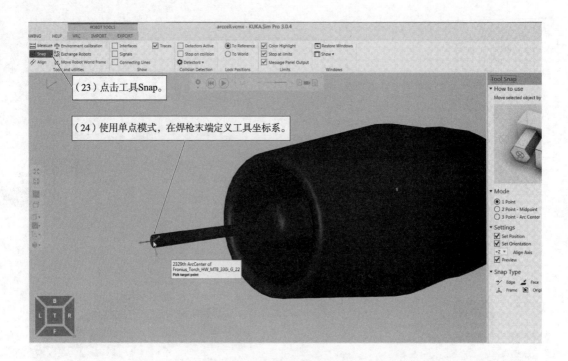

图 7-3-18　操作步骤 (23) ~ (24)

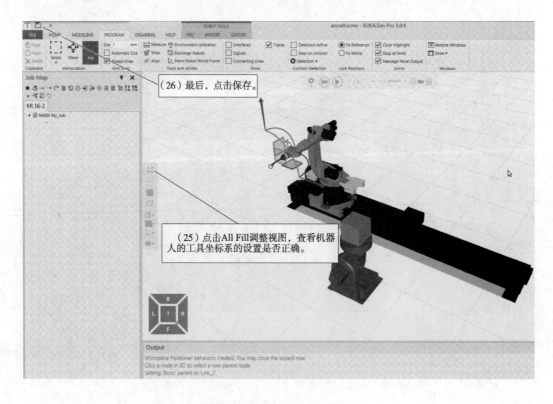

图 7-3-19　操作步骤 (25) ~ (26)

任务四　设置焊接工作流程

任务描述

上次任务,我们学习设置了工作站逻辑和工具坐标系,将变位机与机器人的运动进行了通信。本次任务,我们将对机器人的焊接作业流程进行仿真,从而学习设置机器人的焊接工作流程。

任务知识

设置焊接工作路径的步骤如下。

(1)设置焊枪初始点。

设置并记录焊枪的运动初始点(图 7-4-1)。

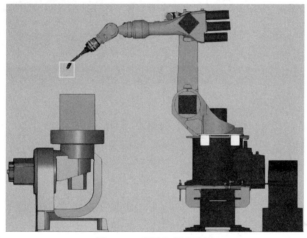

图 7-4-1　焊枪初始点位置

(2)设置示教变位机。

设置示教变位机,使变位机上的方块工件到达合适的位置后,记录点位(图 7-4-2)。

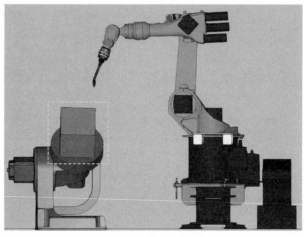

图 7-4-2　变位机变位后位置

(3)设置焊接点。

在示教焊枪至方块的第一个顶点处,设置为焊枪焊接工作的起点,记录点位(图7-4-3)。

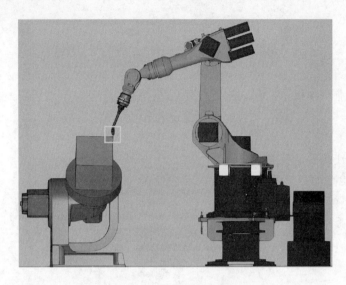

图7-4-3 焊接起点位置

(4)设置临近点。

临近点是根据焊接点的位置决定的,示教焊枪至焊接起点上方,记录点位为临近点(图7-4-4)。为了保护焊枪等设备,每次变位机要旋转方块前,需要先把焊枪移动至临近处。

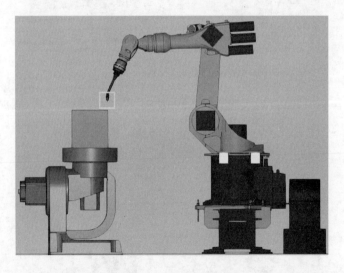

图7-4-4 临近点位置

(5)设置焊接终点。

在示教焊枪至方块的第二个顶点处,设置为焊枪焊接工作的起点,记录点位(图7-4-5)。

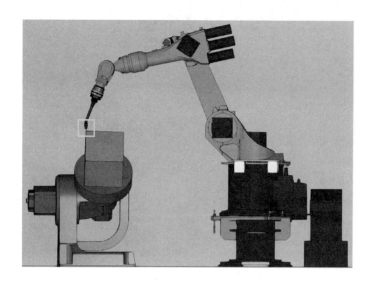

图 7-4-5 焊接终点位置

（6）示教焊枪返回到临近点高度。

示教焊枪返回临近点高度的位置后，记录点位（图 7-4-6）。至此，由两个焊接点位决定的焊接路径就设置好了。

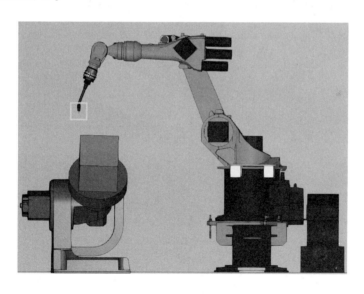

图 7-4-6 返回临近点高度的位置

（7）再次示教变位机。

示教变位机旋转一定角度，带动方块工件旋转到方块另一侧（图 7-4-7）。

（8）重复设置焊接路径。

重复设置以上（4）、（5）、（6）、（7）四个步骤，直到想要的焊接路径都设置完成。

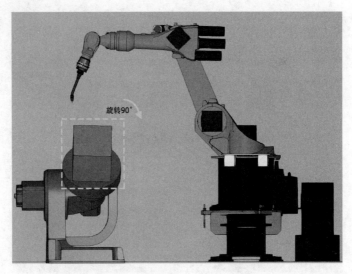

图 7-4-7   变位机旋转方向及角度

(9)仿真播放。

复位机器人位置,仿真播放,检查机器人仿真焊接作业的效果。

任务实施

设置焊接工作流程的操作步骤如图 7-4-8 ~ 图 7-4-38 所示。

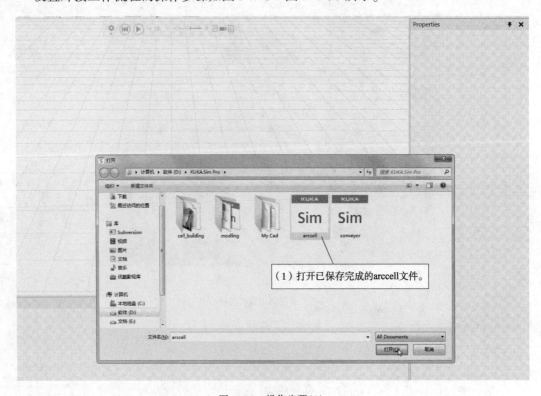

图 7-4-8   操作步骤(1)

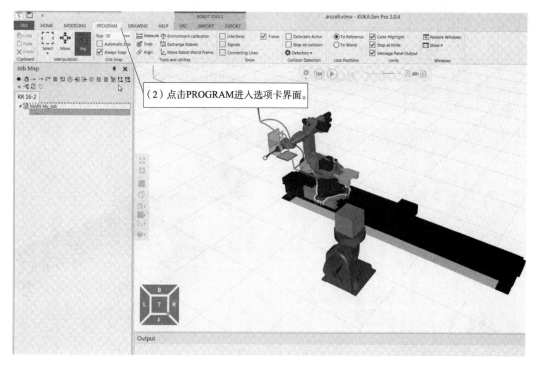

图 7-4-9 操作步骤(2)

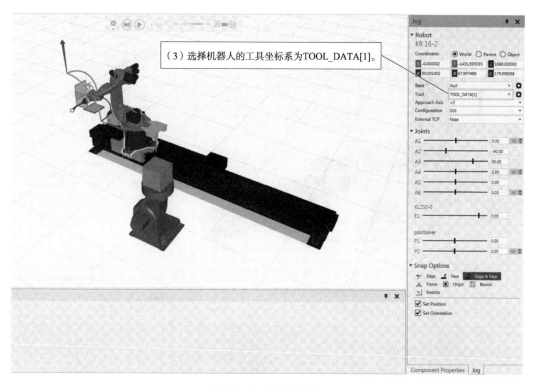

图 7-4-10 操作步骤(3)

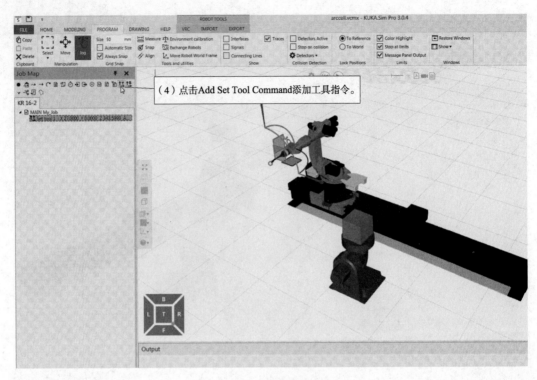

图 7-4-11　操作步骤(4)

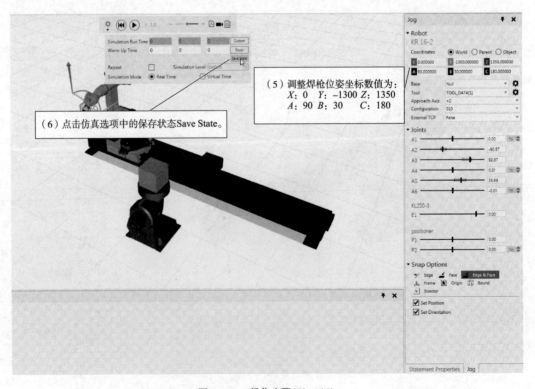

图 7-4-12　操作步骤(5)~(6)

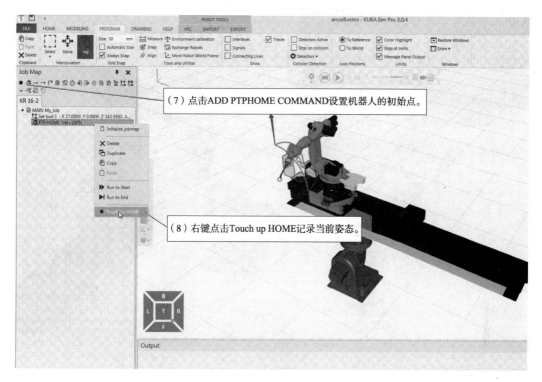

图 7-4-13　操作步骤(7)~(8)

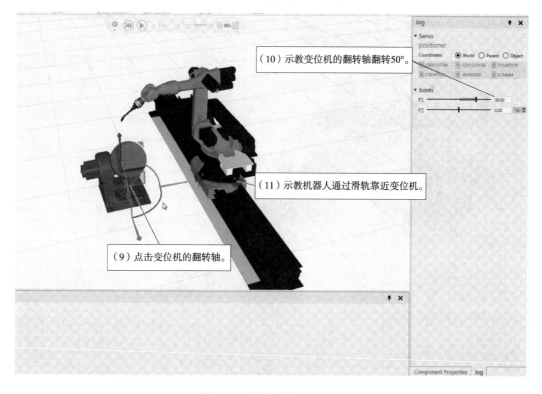

图 7-4-14　操作步骤(9)~(11)

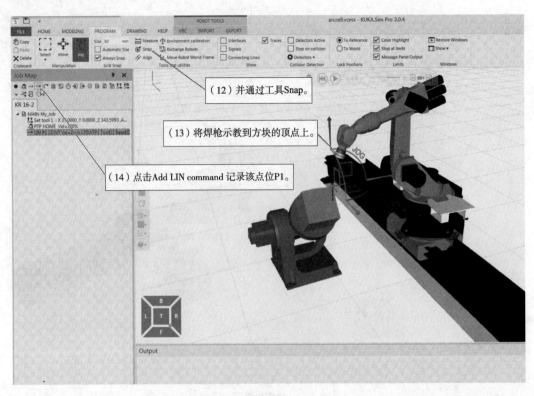

图 7-4-15　操作步骤(12)～(14)

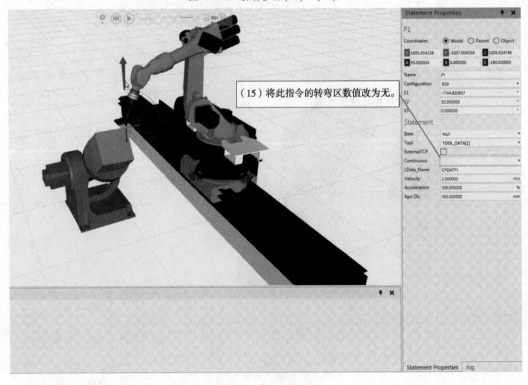

图 7-4-16　操作步骤(15)

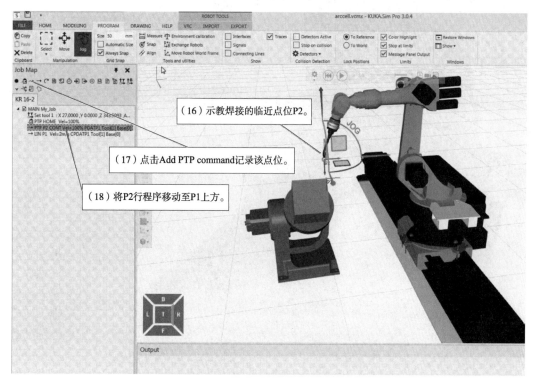

图 7-4-17 操作步骤(16) ~ (18)

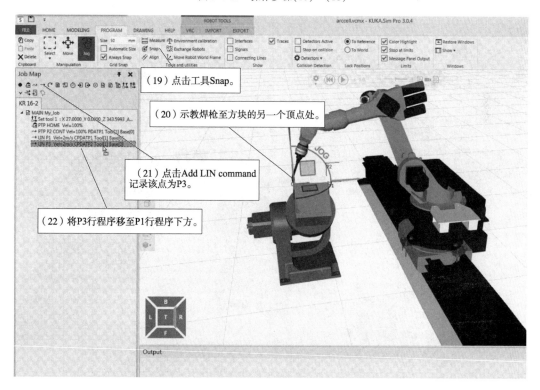

图 7-4-18 操作步骤(19) ~ (22)

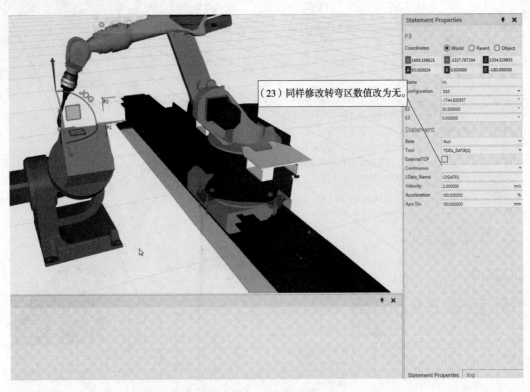

图 7-4-19　操作步骤（23）

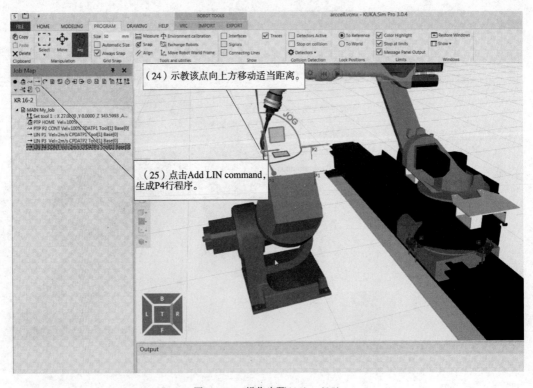

图 7-4-20　操作步骤（24）~（25）

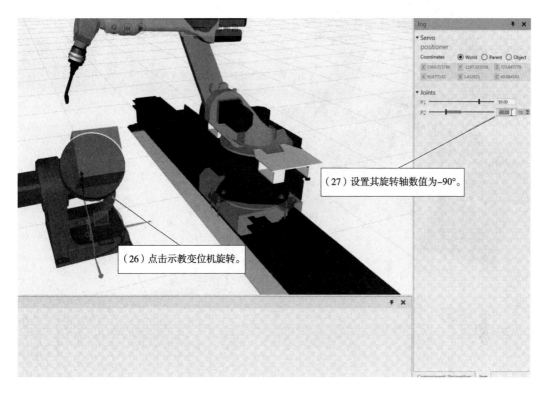

图 7-4-21 操作步骤(26)～(27)

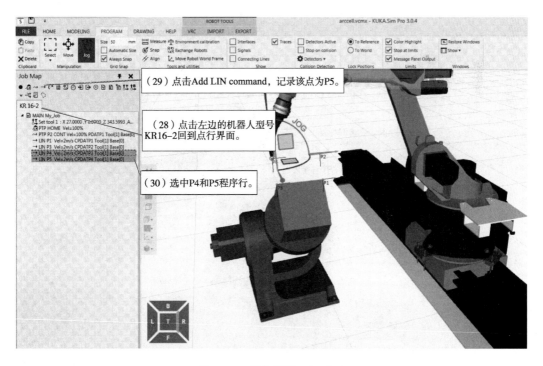

图 7-4-22 操作步骤(28)～(30)

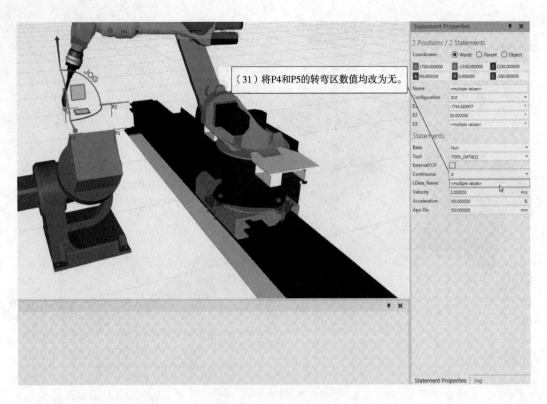

（31）将P4和P5的转弯区数值均改为无。

图 7-4-23 操作步骤(31)

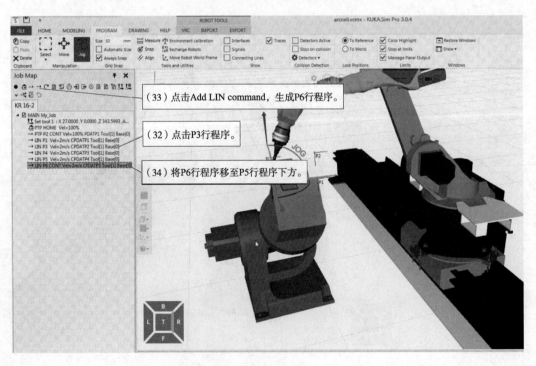

（33）点击Add LIN command，生成P6行程序。

（32）点击P3行程序。

（34）将P6行程序移至P5行程序下方。

图 7-4-24 操作步骤(32) ~ (34)

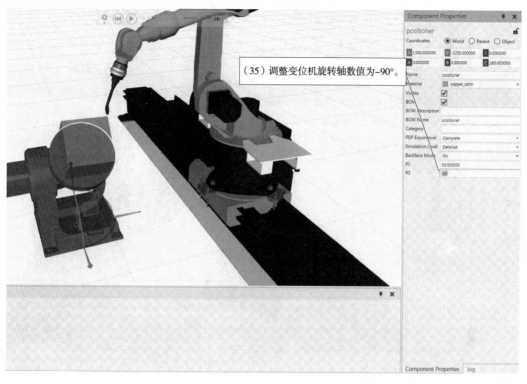

（35）调整变位机旋转轴数值为–90°。

图 7-4-25　操作步骤（35）

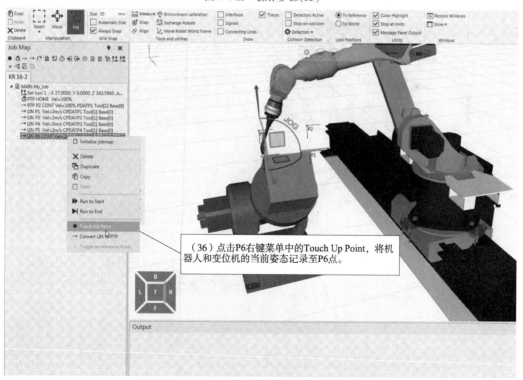

（36）点击P6右键菜单中的Touch Up Point，将机器人和变位机的当前姿态记录至P6点。

图 7-4-26　操作步骤（36）

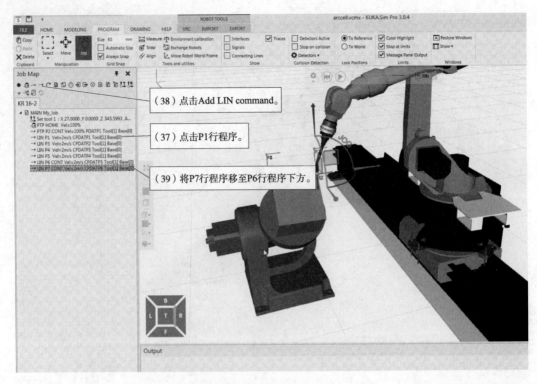

图 7-4-27　操作步骤(37)～(39)

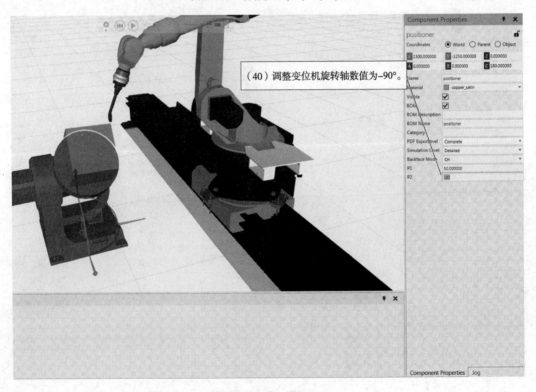

图 7-4-28　操作步骤(40)

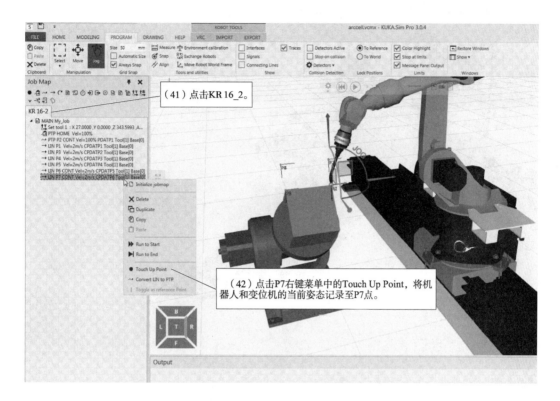

图 7-4-29 操作步骤(41)~(42)

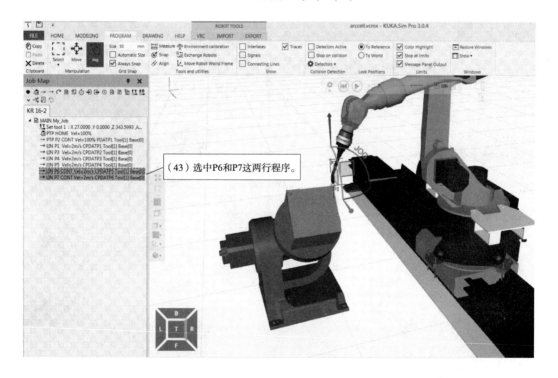

图 7-4-30 操作步骤(43)

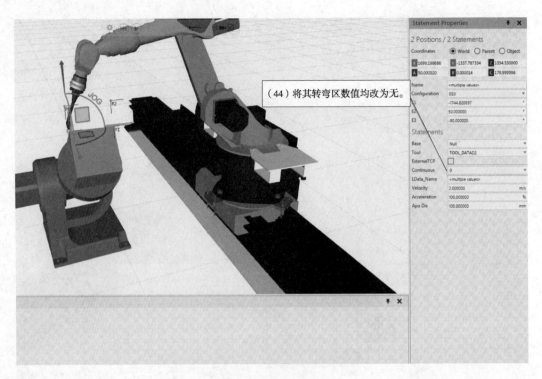

（44）将其转弯区数值均改为无。

图 7-4-31　操作步骤(44)

（46）点击Add LIN command，设置焊枪将回到的最初的临近P8点。

（45）点击P2行程序。

（47）将P8行程序移至P7行程序下方。

图 7-4-32　操作步骤(45)～(47)

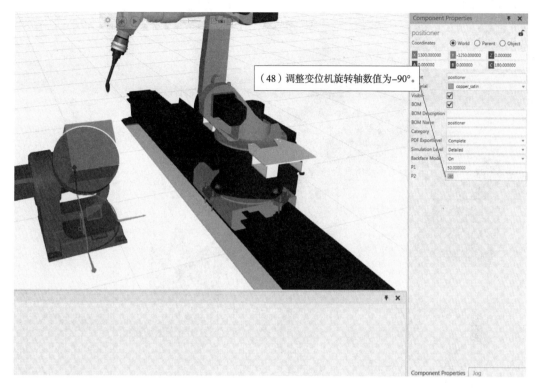

图 7-4-33　操作步骤（48）

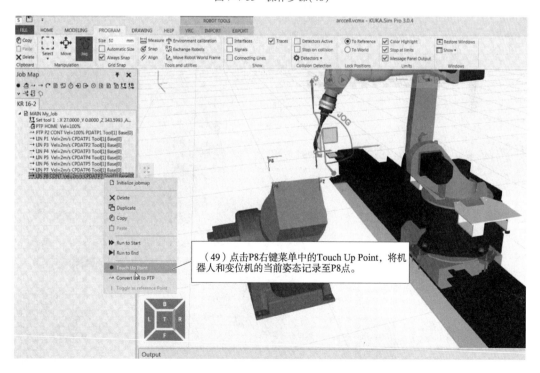

图 7-4-34　操作步骤（49）

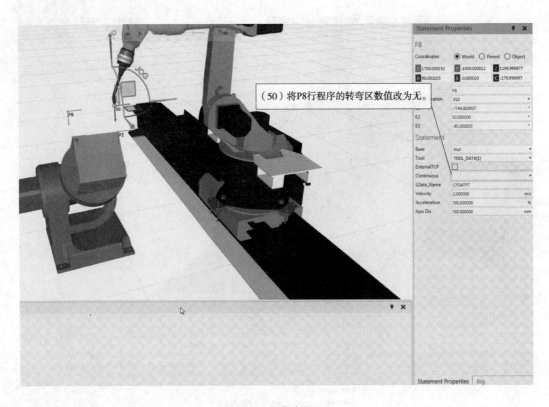

图 7-4-35 操作步骤(50)

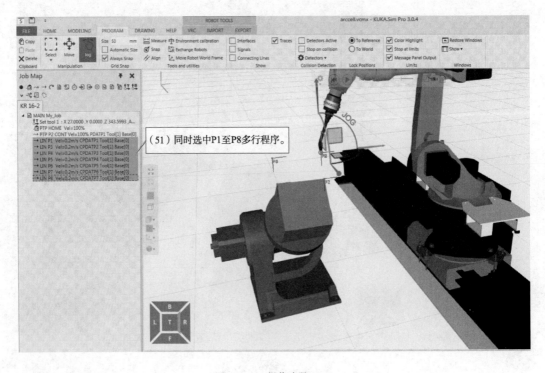

图 7-4-36 操作步骤(51)

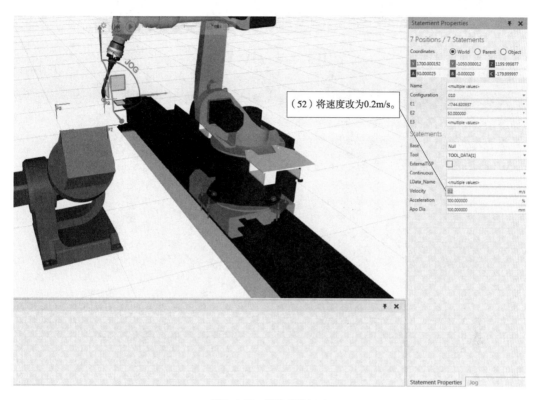

图 7-4-37 操作步骤(52)

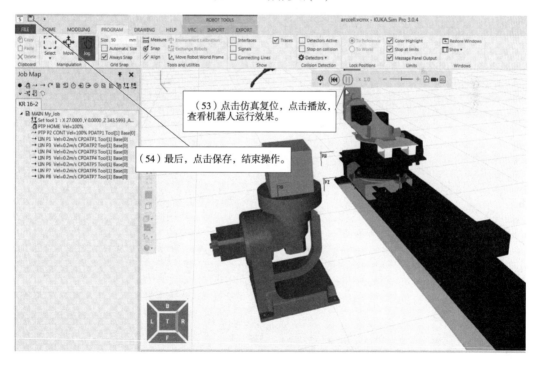

图 7-4-38 操作步骤(53)～(54)

有兴趣的同学可以完成方块上另外几条棱的模拟焊接运动,方法是类似的。

项 目 小 结

本项目内容主要讲述了 KUKA 工业机器人离线仿真软件中工业机器人焊接工作站系统的创建与应用,在本项目的学习中,学生需要掌握搭建焊接工作站的操作、设置变位机组件的方法、设置焊接工作站逻辑和坐标系的步骤、设置焊接工作流程的操作。